燃烧合成 Ti-Al-C 三元碳化合物

郭俊明　陈克新　著

科 学 出 版 社

北　京

内 容 简 介

本书共分八章，主要介绍 Ti-Al-C 体系三元碳化合物 Ti_3AlC_2、Ti_2AlC和 Ti_3AlC 的燃烧合成及 Ti_3AlC_2 和 Ti_2AlC 的拓展应用。其中重点介绍了影响燃烧合成 Ti_3AlC_2 和 Ti_2AlC 的工艺条件、燃烧温度对燃烧合成 Ti_3AlC_2 和 Ti_2AlC 的影响机理、Ti_3AlC 的初步燃烧合成、燃烧合成粉体的热压烧结和放电等离子烧结以及 Ti_3AlC_2 和 Ti_2AlC 催化合成苯甲酸乙酯的应用。

本书是以研究 Ti-Al-C 体系三元碳化合物自蔓延高温合成为主线的无机非金属陶瓷材料的专著，可供高等院校无机非金属材料、功能材料、应用化学、化学等专业的本科生、研究生、相关研究人员和技术人员阅读和参考。

图书在版编目（CIP）数据

燃烧合成 Ti-Al-C 三元碳化合物 / 郭俊明，陈克新著. —北京：科学出版社，2015. 11

ISBN 978-7-03-045699-1

Ⅰ. ①燃… Ⅱ. ①郭… ②陈… Ⅲ. ①碳化合物—工程材料—高温—合成—研究 Ⅳ. ①TQ127. 1②TB332

中国版本图书馆 CIP 数据核字（2015）第 220762 号

责任编辑：郑述方/责任校对：冯 铂
责任印制：余少力/封面设计：墨创文化

科 学 出 版 社 出版
北京东黄城根北街 16 号
邮政编码：100717
http://www.sciencep.com

成都创新包装印刷厂印刷
科学出版社发行 各地新华书店经销

*

2015 年 11 月第 一 版 开本：B5（720×1000）
2015 年 11 月第一次印刷 印张：8. 75
字数：200 000

定价：49. 00 元

（如有印装质量问题，我社负责调换）

前　言

Ti-Al-C 体系三元碳化合物是指 Ti_3AlC_2、Ti_2AlC 和 Ti_3AlC，其中 Ti_3AlC_2 和 Ti_2AlC 符合 $M_{n+1}AX_n$（式中，$n=1\sim3$，M 为过渡金属，A 为第 IIIA 或 IVA 族元素，X 为 C 或 N）通式，这类层状三元化合物具有相同的晶格结构，属于六方晶系，空间群为 $P6_3/mmc$。Ti-Al-C 体系三元碳化合物是一类综合了金属与陶瓷优异性能的碳化合物，如像金属，它是优良的热导体和电导体、极易加工、相对较软、抗热震性好、在较高温度下具有一定的可塑性；像陶瓷，具有高熔点、高模量、低密度、高温强度和良好的抗氧化性。此外，它们有优于石墨和 MoS_2 的自润滑性能，特别是其电、磁甚至力学性能随温度、取向的改变发生“反常”变化。这些特性是现有已知材料中极为罕见的。在 Ti-Al-C 体系三元碳化合物 Ti_3AlC_2、Ti_2AlC 和 Ti_3AlC 的合成研究中以 Ti_3AlC_2、Ti_2AlC 研究居多，而 Ti_3AlC 的合成研究较少。合成方法主要有化学气相沉积法（CVD）、热压（HP）、热等静压（HIP）、放电等离子烧结（SPS）、燃烧合成（CS）等。

本书共分为八章，即燃烧合成方法概述、实验方法、燃烧合成 Ti_3AlC_2 粉体、燃烧合成 Ti_2AlC 粉体、燃烧合成 Ti_3AlC 粉体、燃烧温度对燃烧合成 Ti_3AlC_2 和 Ti_2AlC 的影响、热压和放电等离子烧结研究与 Ti_3AlC_2 和 Ti_2AlC 催化合成苯甲酸乙酯的应用研究。系统研究了 TiC、Ti-Al 金属间化合物、Al、C 等对燃烧合成 Ti_3AlC_2 和 Ti_2AlC 工艺条件的影响，燃烧温度对燃烧合成 Ti_3AlC_2、Ti_2AlC 和 Ti_3AlC 的影响机理，燃烧合成粉体的热压烧结和放电等离子烧结以及 Ti_3AlC_2 和 Ti_2AlC 催化合成苯甲酸乙酯的应用。本书主要内容是著者多年对 Ti-Al-C 体系三元碳化合物燃烧合成的研究成果，同时也参考了国内外学者的研究成果。全书由郭俊明负责总体规划和统稿。

本书编写过程中得到了许多专家、学者的帮助和支持，提供了很多宝贵建议意见，著者表示衷心的感谢，对引用相关文献的作者致以由衷的谢意。

本书由云南民族大学高水平民族大学建设学院特区项目资助出版，同时科学出版社郑述方编辑为本书的编辑出版倾注了大量心血和帮助，在此一并表示感谢！

由于著者水平有限，书中难免会有不妥、疏漏之处，恳请读者批评指正。

著者

2015 年 8 月

目　　录

第一章　燃烧合成方法概述

第一节　燃烧合成的基本特征

自蔓延高温合成（self-propagation high-temperature synthesis，SHS）又称为燃烧合成（combustion synthesis，CS），它是利用反应物之间的高化学反应热的自加热和自传导作用来合成材料的一种技术，其基本特点是利用外部提供必要的能量诱发高放热化学反应体系局部发生化学反应，燃烧波形成化学反应前沿，此后化学反应在自身放出热量的支持下继续进行，表现为燃烧波蔓延至整个体系，最后合成所需材料，是制备无机化合物高温材料的一种新方法。任何化学物质的燃烧只要其结果是形成了有实际用途的凝聚态的产品或材料，都可被称为SHS过程。在SHS过程中，参与反应的物质可处于固态、液态或气态，但最终反应产物是固态。燃烧合成是20世纪80年代迅速兴起的一门材料制备技术，是化学、材料和工程学的有机结合，是现代制备材料最活跃的分支之一。燃烧合成工艺主要有：SHS制粉（常规SHS技术和热爆SHS技术）、SHS烧结块体材料和SHS致密化技术，如图1-1所示。

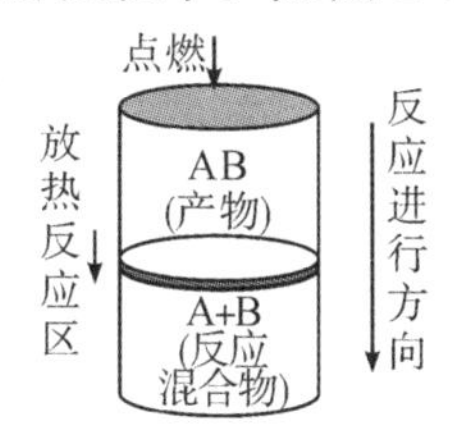

图1-1　燃烧合成过程示意图

燃烧合成方法制备的产品纯度高、能耗低、工艺简单，可以制备非平衡态、非化学计量比和功能梯度材料，具有很多传统材料制备技术所不具有的特殊性，与常规方法相比主要有以下优点。

（1）合成反应过程迅速，节省时间。相对于传统的热扩散过程，燃烧反应引发的反应或燃烧波的蔓延相当快，一般为0.1～20.0cm/s，最高可达25.0cm/s，整个过程可以在几秒钟到几分钟内完成，产物的形成是随反应物的燃烧过程结束而完成的。

（2）可自发达到很高的反应温度，节省能源。传统的陶瓷材料制备由于受到加热方式及耐火材料本身的特性限制，2100℃已是很难达到的高温。而在燃烧合成过程中，升温是由化学反应本身的热量实现的，燃烧波的温度或反应温度通常都在 1800～3300℃，最高可达 4800℃，对反应装置也没有特殊要求。因而它为一些特殊高温材料的制备提供了一种有效的方法。除启动反应所需极少的能量外，材料合成靠自身反应放出的热量进行，不需要外部热量的加入，因而能大量节省能源。

(3) 易于纯化产物，提高效率。由于燃烧波通过试样时产生的高温，可将易挥发杂质排除，从而达到纯化产物的目的。同时燃烧过程中有较大的热梯度和较快的冷凝速度，有可能形成复杂相，易于从一些原料直接转变为另一种产品；并且可能实现过程的机械化和自动化。另外还可能用一种较便宜的原料生产另一种高附加值的产品，成本低，经济效益好。

(4) 工艺过程简单，反应在点火后可以自持续进行。燃烧合成技术与制备材料的传统工艺比较，工序减少，流程缩短，工艺简单，一经引燃启动过程后就不需要对其进一步提供任何能量，燃烧反应过程中产生高温梯度和冷却速度，能够生成新的非平衡相和亚稳相。

(5) 实用性强，适于制造各类无机材料。如各类陶瓷、金属间化合物等。

虽然 SHS 技术有如此多的优越性，但目前应用得较成功的 SHS 技术仍很有限。这是因为尽管自蔓延工艺非常简单，但自蔓延燃烧过程中的物理、化学变化却极为复杂。它涉及热力学、反应动力学、高温物理化学及材料科学与工程等多门学科，对这些多学科交叉领域目前还没有系统的研究。同时自蔓延燃烧过程中的物理、化学变化都是在非平衡条件下进行，非平衡态条件下的物理、化学过程有着与平衡条件下不同的特性。理论上研究的局限性，对工艺过程控制与优化造成了极大的困难，从而限制了这种技术在工业中的实际应用。表 1-1 列出了燃烧合成工艺制备的一些材料。

表 1-1　燃烧合成工艺制备的一些材料

硼化物	CrB，HfB_2，NbB_2，TaB_2，TiB_2，LaB_6，MoB_2
碳化物	TiC，ZrC，HfC，NbC，SiC，Cr_3C_2，B_4C，WC
碳氮化物	TiC-TiN，NbC-NbN，TaC-TaN
硬质合金	TiC-Ni，TiC-（Ni，Mo），WC-Co，Cr_3C_2-（Ni，Mo）
硫化物	MoS_2，TaS_2，NbS_2，WS_2
复合材	TiC-TiB_2，TiB_2-Al_2O_3，B_4C-Al_2O_3，$MoSi_2$-Al_2O_3，TiN-Al_2O_3
氢化物	TiH_2，ZrH_2，NbH_2
金属间化合物	NiAl，FeAl，NbGe，TiNi，CoTi，CuAl
氮化物	TiN，ZrN，BN，AlN，Si_3N_4，MgN，TaN
硅化物	$MoSi_2$，$TaSi_2$，Ti_5Si_3，$ZrSi_2$

第二节　燃烧合成发展简史

2000 多年前，中国人发明了黑火药（KNO_3、S、C），其燃烧可看成是最早的自蔓延高温合成反应，但它不是用来制备材料的。

1895 年，德国冶金学家 Gofdschmidt 发现了 Al 与除碱金属和碱土金属外几乎所有的金属氧化物之间的自蔓延高温合成反应——铝热反应，首次提出“铝热法”来描述金属氧化物与 Al 反应生产 Al_2O_3 和金属或合金的放热反应。例如

$$Fe_2O_3+2Al═Al_2O_3+2Fe \qquad \Delta H<0$$

并进一步研究了固－固相间反应的自蔓延特性。

1900 年，法国化学家 Fonzes-Diacon 发现金属与 S、P 等元素之间的自蔓延反应，制备了相应的磷化物和硫化物。例如

$$Fe+S═FeS \qquad \Delta H<0$$

1953 年，一个英国人写了一篇名为《强放热化学反应自蔓延的过程》的论文，首次提出了自蔓延的概念。

1967 年，苏联科学院物理化学研究所 Borovinskaya、Skhiro 和 Merzhanov 等开始了过渡金属与 B、C、N_2 反应的实验，在 Ti 与 B 的体系中，他们观察到火焰的剧烈反应，之后又发现许多金属和非金属反应形成难熔化合物时都有强烈的放热反应。此外，他们的注意力集中在其产物具有耐高温的性质，提出了用缩写词 SHS 来表示自蔓延高温合成，受到燃烧和陶瓷协会的一致赞同，这便是自蔓延高温合成术语的由来。1972 年，他们建立了年产10～12t难熔化合物粉末（TiC、TiB_2、BN、$MoSi_2$ 等）的 SHS 中试装置；1973 年，苏联开始将 SHS 产物投入实际应用，并召开了全国 SHS 会议；1975 年，苏联开始研究 SHS 致密化技术，将 SHS 和传统冶金及材料加工技术结合，在燃烧合成的同时进行热固结或加工成型，一步合成所需要的形状或尺寸的产品或涂层，并于 1979 年开始工业化生产 $MoSi_2$ 粉末和加热元件；1984 年，Merhanov 等提出结构宏观动力学的概念，研究燃烧合成过程中的化学转变、热交换、物质交换和结构转变及它们的关系；1987 年，苏联成立 SHS 研究中心，此前苏联几十个城市都有 SHS 研究机构。据 1991 年的统计，苏联有 150 多个单位，800 多人发表了 SHS 方面的论文。工业生产的 SHS 产品有 TiC 磨料、$MoSi_2$ 加热元件、耐火材料、形状记忆合金、硬质合金等，1996 年开始规模生产铁氧体。以 Merzhanov 院士为代表的苏联学者为 SHS 学科的建立和实际应用做出了杰出贡献。

20 世纪 80 年代初，苏联的 SHS 成就引起外界的关注。Crider、Fran-

houser 等对苏联 SHS 的介绍促进了外界对 SHS 的了解。1984 年，美国国防部先进研究项目局（Defense Advanced Research Projects Agency，DARPA）首次将燃烧合成列入研究计划（1984～1986 年）。美国军用材料实验室对 Ti-C 及 Ti-B 体系进行了广泛的研究。Rice 及其合作者主要从事陶瓷和复相材料的合成及致密化方面的研究工作。Logan 研究了 TiC、TiB 和 TiB-Al_2O_3复相粉末的热还原合成及加工技术。以 Munir 和 Holt 为首的研究人员以弄清燃烧合成反应的基本原理为目的，着重对气-固反应体系，如 Ti-N、Nb-N 和 Si-N 进行了实验研究，并在实验观察和理论计算的基础上，提出了一个理论模型。Kaeida 和 Moore 分别对燃烧合成 Ni-Ti 形状记忆合金进行了研究，发现燃烧参数（如颗粒大小、加热速率及燃烧气氛等）对燃烧产物的性质具有重要影响。1985 年，美国举行了 DARPA/ARMY 燃烧合成讨论会。1988 年，Holt 和 Munir 主持了“高温材料的燃烧合成和等离子合成先进材料”国际会议，Merzhanov 应邀作了“燃烧合成：二十年的研究和发现”的长篇报告，促进了 SHS 的国际交流。20 世纪 80 年代初，日本的小田原修、小泉光惠和宫本钦生等开始 SHS 研究。1987 年，日本成立燃烧合成研究协会。1990 年，在日本召开了第 1 次日美燃烧合成讨论会，Merzhanov 应邀作了报告。日本研究的陶瓷内衬钢管和 Ti-Ni 形状记忆合金已投入实际应用。

我国在 20 世纪 70 年代初期利用 Mo-Si 的放热反应制备了 $MoSi_2$粉末。80 年代中后期，西北有色金属研究院、北京科技大学、南京电光源研究所、武汉工业大学、北京钢铁研究总院等单位相继展开了 SHS 研究。Munir 教授和 Borovinskaya 教授曾分别应邀在北京科技大学和北京有色研究总院介绍了 SHS。“八五”期间，国家 863 计划新材料领域设立 SHS 技术项目，支持 SHS 研究开发。1994 年，在武汉召开了第一届全国燃烧合成学术会议。我国的 SHS 产业化成果也得到了国外同行的高度评价。我国研制的陶瓷复合钢管年产近万吨。近年，我国在 SHS 领域加强了与国外的合作与交流，发表的 SHS 方面的文章数目仅次于俄罗斯、美国，与日本相近。我国台湾学者在 SHS 粉末和不规则燃烧方面也取得了引人注目的科研成果。

第三节　燃烧合成基本理论

一、燃烧合成的热力学及动力学基础

1. 燃烧合成的热力学基础

利用放热反应本身产生的能量进行材料合成，是燃烧合成工艺最基本的特征之一，这些能量使体系升温，从而使反应能够自持进行。所以热力学温度是研究燃烧合成过程热力学的最重要参数之一，其物理意义是在绝热体系的前提

下，反应放出的热全部用来使体系升温所能达到的最高温度，对于下列反应：

$$A\ (s)\ +B\ (s)\ \longrightarrow AB\ (s) \tag{1-1}$$

热力学温度 T_{ad}可根据下面三种不同的情况来计算。

（1）如果

$$-\Delta_f H_{298}^{\theta} < \int_{298}^{T_m} C_{ps} dT \tag{1-2}$$

则

$$T_{ad} < T_m \tag{1-3}$$

$$-\Delta_f H_{298}^{\theta} = \int_{298}^{T_{ad}} C_{ps} dT \tag{1-4}$$

式中，$\Delta_f H_{298}^{\theta}$ 为化合物 AB 在 298K 下的生成焓，C_{ps} 为生成物的固态恒压热容，T_m为绝热条件下生成物的熔点。

（2）如果

$$\int_{298}^{T_m} C_{ps} dT < -\Delta_f H_{298}^{\theta} < \int_{298}^{T_m} C_{ps} dT + \Delta H_m \tag{1-5}$$

则热力这温度为产物的熔点。

$$-\Delta_f H_{298}^{\theta} = \int_{298}^{T_{ad}} C_{ps} dT + \nu \Delta H_m \tag{1-6}$$

式中，ΔH_m 为固体 AB 的熔化焓，ν 为产物处于液态的百分数。

（3）最后，如果

$$-\Delta_f H_{298}^{\theta} > \int_{298}^{T_m} C_{ps} dT + \Delta H_m \tag{1-7}$$

则热力学温度可按下式计算：

$$-\Delta_f H_{298}^{\theta} = \int_{298}^{T_m} C_{ps} dT + \nu \Delta H_m + \int_{T_m}^{T_{ad}} C_{pl} dT \tag{1-8}$$

式中，C_{pl} 为产物 AB 处于液态时的热容。

值得强调的是，上面计算热力学温度的方法是在绝热体系和反应完全两个假设的前提条件下进行的，因此 T_{ad}是高放热反应所能达到的燃烧温度的上限。

热力学温度 T_{ad}可作为燃烧合成反应能否进行的半定量判据。Merzhanov 等提出了以下的经验判据：当 $T_{ad}>1800K$ 时，SHS 反应才能自我维持进行。Munir 发现一些 T_{ad}低于其熔点 T_m 的化合物生成热与比热容（298K）的比值 $\Delta_f H_{298}^{\theta}/C_{p,298}$ 与 T_m之间出现线性关系，他指出，仅当 $\Delta_f H_{298}^{\theta}/C_{p,298}>2000K$ 时（对应于 $T_{ad}>1800K$），反应才能自我维持。当上述条件不能满足时，则需要外界对体系补充能量，例如，采用预热、化学炉、热爆等方法，才能维持自发反应。但是，氢化物和超导氧化物的合成实验表明燃烧温度低于 800℃。因此，从实验上确定反应放热是否足以维持燃烧是最好的依据。

不同的反应体系，由于反应物的物理、化学性质不同，T_{ad}值相差较大。

根据具体工艺需要，可通过添加稀释剂或提供外部热源来改变 T_{ad}值。

2. 燃烧合成动力学基础

研究燃烧合成动力学，必须从反应激活能入手。用反应激活能可以推测燃烧反应的可能机制。反应激活能与燃烧波传播速度和燃烧温度直接相关。因此研究燃烧合成动力学问题首先要测定燃烧波速与燃烧温度。比较常用的计算激活能的方法有两种：燃烧波速法和燃烧温度分布图法。

1）燃烧波速法

在假定燃烧反应产物的热物理性能为温度不敏感参数，以及通过对流和传导方式的热量损失可以忽略不计的基础上，燃烧合成反应的数学表达式可表示为：

$$C_p \cdot \rho \cdot \frac{\partial T}{\partial t} = k\frac{\partial^2 T}{\partial x^2} + q \cdot \rho \cdot k_0 (1-\varphi)^n \exp\left(\frac{-E_a}{RT}\right) \tag{1-9}$$

式中，C_p、ρ、k 分别为反应合成产物的热容、密度、热传导率；φ 为起始反应物未反应的分数；q 为反应热；E_a为反应激活能；n 为反应动力学级数；R、T 分别为摩尔气体常量和热力学温度；k_0为常数；x 为燃烧波传播方向。

式（1-9）表明，通过某一燃烧面的热流量等于燃烧波到达之前传递到的热流量与该燃烧波自身引起的化学反应所产生的热量之和。Novochilov 和 Merzhanov 在做了燃烧波宽度（亦即反应区宽度）与热影响区相比较窄，反应为均匀反应的进一步假设之后，给出了更明显的燃烧波速表达式：

$$V_c^2 = f(n) \cdot \frac{C_p \cdot d}{q} \cdot \frac{R \cdot T_c^2}{E_a} \cdot k_0 \cdot \exp\left(\frac{-E_a}{RT_c}\right) \tag{1-10}$$

式中，V_c为燃烧波速；$f(n)$ 为反应动力学级数 n 的函数；d 为扩散率；T_c为燃烧温度；其余参数同前。对式（1-10）作进一步数学推导，可得

$$\ln\left(\frac{V_c}{T_c}\right) = -\frac{E_a}{2R} \cdot \left(\frac{1}{T_c}\right) + K \tag{1-11}$$

所以求出 ln（V_c/T_c）对 $\frac{1}{T_c}$ 变化的直线斜率，便可求得激活能 E_a。

2）燃烧温度分布图法

Zenin 和 Boddington 都对用温度曲线结合燃烧波来获得激活能值的方法进行过数学分析。两人分析方法的不同在于前者需要知道反应物和产物的物理参数的实际值，而后者不需这些实际值，但两者又同样得出，反应转化程度 η 与温度分布特征的关系如下：

$$\eta(x) = \frac{C_p \cdot \rho \cdot v \cdot (T - T_0) - k_1 \dfrac{\partial T}{\partial x}}{(k_2 - k_1) \cdot \dfrac{\partial T}{\partial x} + q \cdot \rho \cdot v} \tag{1-12}$$

式中，C_p为产物的热容；ρ 为密度；v 为燃烧波速；q 为反应热；k_1、k_2为反应

物和产物的热传导率；T、T_0分别为反应温度和初始温度；x 为燃烧波前进方向的坐标；热量产生速率 φ 可以从式（1-13）计算得到

$$\varphi(T,\ \eta)=v\left(\frac{\partial \eta}{\partial x}\right) \tag{1-13}$$

φ 与温度之间的关系，可用式（1-14）表示：

$$\varphi=f(n)\cdot k_0\cdot \exp(-E_a/RT) \tag{1-14}$$

式中各参数意义同上。

这样，求出温度随时间变化的一次及二次微分，在给定转化率 η 值的前提下，便可计算出激活能。

Munir 注意到，用燃烧波速法和温度分布图法计算得到的结果并不完全一致，这是因为燃烧波速法没有考虑反应进行得是否完全对燃烧温度及波速的影响。

二、燃烧合成点燃方式

自蔓延高温合成反应能够进行，关键是引燃，SHS 反应的引燃需要放热量高的反应，引燃技术主要有以下两种。

1. 局部直接点燃

对于 $T_{ad}\geqslant$1800K 的强放热反应，点燃可用火焰、电阻热、电弧、微波和激光等直接点燃原材料的混合物，根据包含点燃过程热对流和辐射散热的一维 Fourier 热传导方程和传质方程，提出稳定燃烧的点火。

2. 间接点燃

对于 $T_{ad}<$1800K 的弱放热反应，主要用三种点燃方式。

（1）热爆法：将反应混合物以恒定的加热速率在反应容器内加热，一直到燃烧反应自动发生。采用这种点燃方式的燃烧合成不同于燃烧波自我维持的反应，整个试样要加热到能使反应进行的温度，试样在瞬间内整体反应。

（2）化学炉法：将弱放热反应的混合物包裹在强放热反应的混合物内，依靠强放热反应来引发弱放热反应。

（3）电场辅助法：给粉体素坯施加电场辅助点燃和燃烧。一旦断开电场，燃烧反应立即停止。

三、燃烧合成的燃烧波结构

在绝热条件下，不同的燃烧机制将导致不同的燃烧波结构。如果化学反应和结构转变同时在放热区内进行，燃烧波前沿经过之后，产物相随之形成，燃烧反应的中间产物和最终产物都能在所研究体系相图中找到，此时在 SHS 过程中燃烧产物以平衡机制形成，燃烧波结构如图 1-2 所示，图中，T 为燃烧温度、η 为转化率、φ 为热量产生速率。燃烧波传播速度较慢的固-固反应一般具

有这种燃烧波结构。

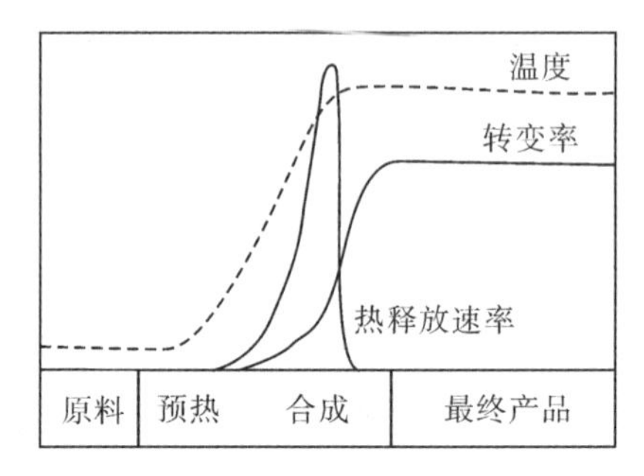

图 1-2　燃烧波结构示意图（平衡机制）

如果燃烧波前沿经过之后，化学反应随之完成，而结构转变滞后一段时间，在放热区会形成处于亚稳定状态结构的中间相，这些亚稳定状态结构再转变为最终产物结构。在这种情况下，相图不能直接反映燃烧反应的全过程。此时燃烧产物是以非平衡机制形成的，其燃烧波结构如图 1-3 所示。

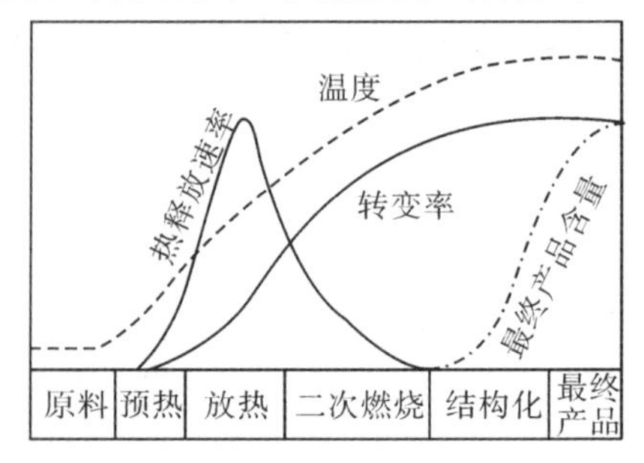

图 1-3　燃烧波结构示意图（非平衡机制）

在这种非平衡机制的燃烧波结构中，可分为两个区：一个是蔓延波前进速度很快的高放热区，此区内产物转化程度并不高；另一个是紧随其后的低放热区，此区内产物转化程度高。Zenin 等人在合成金属硼化物时，通过改变燃烧参数，发现了具有不同燃烧波结构的蔓延方式。而对于某些气-固系燃烧反应，往往发生二次燃烧反应。其燃烧温度随时间的变化曲线出现两个峰值，两次燃烧反应的发生一般与反应的动力学有关。一次燃烧波的传播速度相对较快，二次燃烧波速度相对较慢，而且具有较宽的燃烧区。Munir 在研究燃烧合成 TiN 时发现，二次燃烧反应的发生与氮气向试样内部的渗透有关。

四、燃烧模式

根据不同的点火方式，燃烧合成可以分为以下两种燃烧模式。

1. 自蔓延模式

自蔓延模式是利用高能点火，引燃粉体素坯的一端，使反应自发地向另一端蔓延。这种工艺适合制备生成焓高的化合物。自蔓延工艺的主要特点是高能点火，其燃烧过程主要包括引燃及燃烧波的传播。

2. 热爆模式

热爆模式是将粉体素坯料放在加热炉中加热到一定温度，使燃烧反应在整个试样中突然同时发生，它适用于生成焓低、属于弱放热反应类型的大多数金属间化合物的合成。热爆工艺制备不连续纤维（颗粒或晶须）增强金属间化合物最合适，也是近年来研究最多的工艺，加热速率是其最重要的影响参数。

图 1-4 为自蔓延模式和热爆模式燃烧过程的对比示意图，由图可见，自蔓延模式采用的是钨丝局部点火使反应物局部反应释放出大量的热，凭借热传导作用以及持续的化学反应，使反应以燃烧波的形式蔓延至结束。反应过程是一个连续的过程，温度曲线较平缓。热爆模式是对弱放热反应体系进行整体加热，当达到一定温度时，试样整体发生反应，同时放出大量的热，其温度时间曲线出现一个峰值。

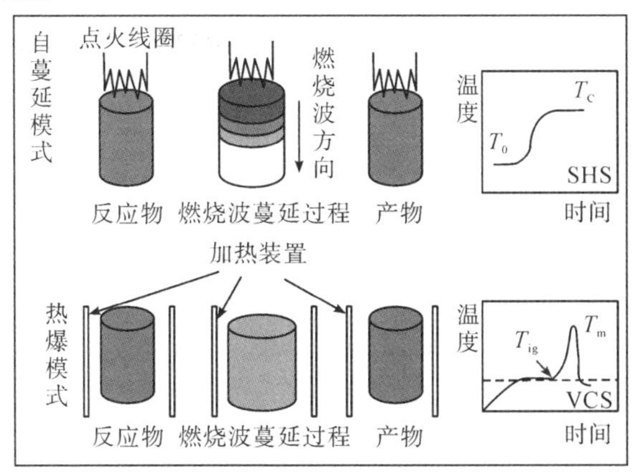

图 1-4 自蔓延模式和热爆模式燃烧合成模型对比图

根据燃烧波蔓延方式的不同，燃烧合成过程可分为两种模式：①稳态燃烧。即燃烧波以一定的速度蔓延；②非稳态燃烧。非稳态燃烧又分为振荡和螺旋两种方式。振荡式燃烧是燃烧波以快慢交替的方式进行，表现为燃烧和熄灭交替进行；螺旋式燃烧是燃烧波以螺旋线轨迹推进，可以是单波，也可以是多波同时交替进行，从试样的一端到另一端进行反应。图 1-5 是上述三类燃烧模式的示意图。

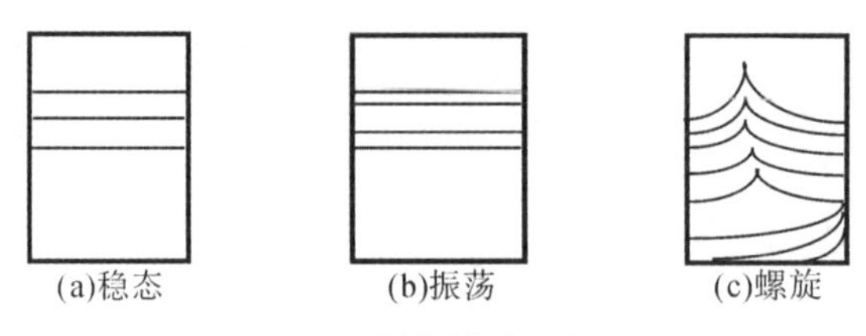

图 1-5　燃烧模式示意图

Shkadinski 等人得出了一个判断燃烧模式从稳态向非稳态过渡的定量依据：

$$\alpha_c = \frac{R \cdot T_{ad}}{E} \cdot \left(9.1 \times \frac{C_p \cdot T_{ad}}{Q} - 2.5\right) \tag{1-15}$$

式中，T_{ad}为绝热燃烧温度，E 为反应过程激活能，C_p为产物热容，Q 为反应热。若 $\alpha_c \geqslant 1$，为稳态燃烧；若 $\alpha_c < 1$，则为非稳态燃烧。

燃烧波传播的速度、燃烧波的稳定性以及燃烧反应所达到的最高燃烧温度与燃烧反应前沿热量的产生和散失密切相关。热量的产生来源于反应放热，而热量的散失包括向环境散热和向邻近未反应的原始反应混合物散热两种。因此任何影响热量产生和散失变化的因素，都会导致燃烧波传播速度和稳定性的变化。减少热量的产生和（或）增加热量的散失，能使燃烧波传播方式由稳态变为非稳态，并会导致燃烧波传播的暂时停止，甚至完全熄灭。例如，通过向反应混合物中加入不同量的稀释剂，可直接减少热量的产生，从而改变燃烧模式，这种燃烧模式的变化可用燃烧合成相图来描述，如图 1-6 所示。

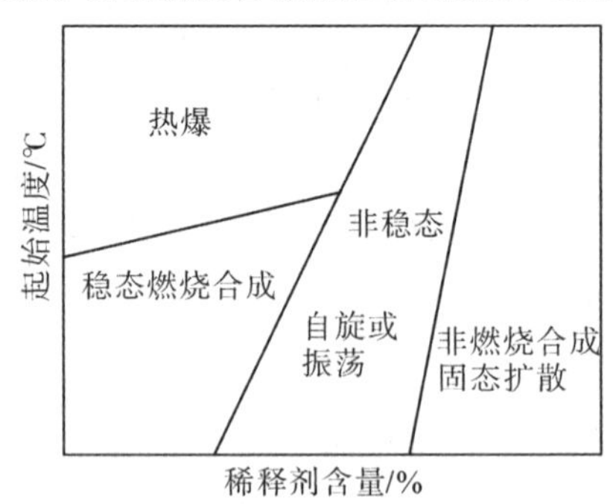

图 1-6　燃烧合成相图示意图

五、燃烧合成工艺和材料

1. 采用燃烧合成工艺制备多孔体材料

采用燃烧合成工艺，无需对粉末压坯进行特殊的预处理和致密化，便可直接合成所需尺寸和几何形状以及孔隙率的材料。该技术已广泛用于制作过滤器、催化剂、活塞、摩擦副等。

采用燃烧合成方法，利用碱土金属铬酸盐（如 $MgCrO_4$，甚至其原矿石）、金属还原剂（Al 或 Mg）和难熔氧化物（如 Al_2O_3），可制备高温多孔耐火材料。采用挥发性的黏结剂，可提高产品的孔隙率。

2. 采用燃烧合成工艺制备致密材料

利用燃烧合成反应放出的高热量来制备致密材料，可获得巨大的经济效益。但是由于燃烧合成工艺自身的一些特点，燃烧合成产物一般要发生体积膨胀，孔隙率增大。孔隙率增大的原因主要来自以下几个方面。

（1）素坯中原有的孔隙。

（2）燃烧合成温度通常较高，不可避免会由于挥发性杂质的逸出及低熔点物质的汽化，而导致产物中产生残余孔洞。

（3）非均质相的生成导致 Kirkendall 孔隙的生成。

（4）由元素混合物压坯转化为产物时，大多数情况下要发生体积膨胀。

在燃烧合成过程中实施有效的加压手段，特别在尚处于高温阶段时施加压力，是减少气孔率实现致密化的关键。

燃烧合成加压致密化技术按压力作用的方式分类，有单轴加压、等静加压、热轧加压、爆炸加压等；按传统压力的介质划分，则可分为固体加压、液体加压和气体加压。

燃烧合成加压致密化技术的关键是必须在燃烧合成的同时或合成结束后几秒内产生压力响应。如果加压过早，燃烧过程中产生的气体来不及外溢，将无法得到高致密燃烧合成制品，甚至会使模具破裂；如果加压过晚，由于燃烧温度降低得很快，合成产物将处于非塑性状态，则不能达到致密化的目的。因为燃烧合成反应是一个极为迅速的过程，常规的机械式加压方法较难实现合成与致密化的同步完成，因而成品率不高，尤其对于形状复杂、尺寸较大的材料或部件的合成与致密化同步更难完成。热等静压（HIP）应用于燃烧合成过程，是近几年发展起来的一项制备致密材料的新技术。

3. 燃烧合成熔铸

选择合适的燃烧合成制度，使反应剂的反应温度高于产物熔点，可使处于熔融状态的产物在离心力的作用下被压实和充满模具，从而形成所需形状和尺寸的产品，或者铸锭。前苏联利用燃烧合成技术生产铸造镍基高温合金叶片，所得叶片具有细晶组织，其高温持久性能优于普通熔炼工艺的叶片。美国 Martin Marietta 公司利用所谓的 XD 工艺与传统铸造及压力加工方法相结合，研制出 TiAl 基合金铸造叶片、锻件及超塑性成形件等。

4. 燃烧合成涂层

燃烧合成涂层主要有三种工艺。

熔铸沉积涂层：在一定气压下，利用燃烧合成反应在金属工件表面形成的高温熔体，在相分离过程中与基体反应形成一个 0.5～1.0mm 厚的过渡区，而使涂层与基体具有较强的结合力。该技术主要用于耐磨件的生产上，如犁铧、钻头等。

离心燃烧合成涂层：在圆筒状旋转室内绕轴旋转离心浇铸，可获得双层（金属或难熔化合物为外层，氧化铝为内层）及单层陶瓷管。日本的 Odanwara 等人从 1980 年开始系统地研究了离心力、添加剂配比、冷却速度等各种因素对涂层过程的影响，成功地实现了 ϕ318.5mm×5500mm 钢管内壁的陶瓷涂层，极大地推动了这项技术的发展。北京科技大学以及南京光电源研究所在这方面也做了许多工作，取得了可喜的成绩。

气相传输燃烧合成涂层：将气相传输剂添加到燃烧合成混合物中，通过气相传输，使化学反应在工件表面上进行，从而使工件表面形成 5～10μm 厚的涂层。用此工艺可生产硼化物、硅化物、金属间化合物、碳化物涂层，用于增强零件表面的抗磨性和抗蚀性。对于不同反应物料，所采用的气体载体也应不同。

5. 燃烧合成焊接

以燃烧合成反应产生的热量为高温热源，以燃烧合成产物为焊料，在零件之间形成牢固连接的过程叫做燃烧合成焊接。为增加放热量，在燃烧合成焊接中向反应剂通以大电流，产生所谓的“电热爆炸”，以获得更佳的焊接效果。用燃烧合成焊接工艺可焊接 Mo-W、Mo-石墨、Ti-不锈钢、钢-硬质合金、Nb-不锈钢、Zr-钢、W-石墨、工具钢-结构钢等不同材料。

6. 采用燃烧合成工艺制备粉体材料

采用燃烧合成工艺制取粉体材料是燃烧合成最重要、最简单、最成熟的应用之一。由于用燃烧合成工艺制取粉体的成本较传统方法下降约 30%～45%，有些粉体质量又优于后者，因此，这种工艺技术在诸多领域获得实际应用。目前采用燃烧合成工艺可制取的粉末达 500 余种。

燃烧合成粉末可广泛用于烧结陶瓷、金属陶瓷、防护涂层、研磨膏等的原材料。采用适当工艺条件制备的高质量燃烧合成粉末，能够制取高质量的最终产品。

参考文献

王克智，张曙光，张国强，等. 1994. 自蔓延高温合成（SHS）法的发展及应用[J]. 功能材料，25(6)：500－504.

汪兵，任伟. 2000. 自蔓延高温合成（SHS）技术发展和应用[J]. 中国表面工程，(4)：1－5.

谭小桩，贾光耀. 2005. 自蔓延高温合成技术的发展与应用[J]. 南方金属，(5)：5－10.

贾光耀，郭志猛，王耀明，等. 2003. 自蔓延高温合成技术的发展与应用[J]. 现代技术陶瓷，(2)：

16－21.

殷声. 1999. 燃烧合成[M]. 北京：冶金工业出版社.

张金咏，傅正义，王为民，等. 2005. 自蔓延高温合成（SHS）过程的热动力学研究[J]. 复合材料学报，22（2）：71－77.

梁丽萍，刘玉存，王建华. 2006. 自蔓延高温合成的发展前景[J]. 应用化工，35（9）：716－718.

Munir Z A，Holt J B. 1990. Combustion and plasma synthesis of high-temperature materials[M]. New York：Wiley－VCH.

殷声. 2001. 燃烧合成的发展现状[J]. 粉末冶金技术，19（2）：93－97.

王声宏. 2001. 自蔓延高温合成（SHS）技术的最新进展[J]. 粉末冶金工业，11（2）：26－34.

第二章　实验方法

第一节　实验材料与设备

一、实验材料

1. 原料

实验原材料选用的 Ti 粉、Al 粉和炭黑的颗粒大小、纯度等见表 2-1。

表 2-1　原料物性参数

原料	粒度（目）	纯度（wt.%）	生产厂家
Ti	500	99.7	北京有色金属总院
Al	300	99.6	北京有色金属总院
C（炭黑）	325	99.5	北京有色金属总院
TiC	200	—	自制
TiAl	200	—	自制
$TiAl_3$	200	—	自制
Ti_2AlC	100	—	自制
Ti_3AlC_2	100	—	自制

2. 化学试剂与材料

实验中主要使用的化学试剂和材料如表 2-2 所示。

表 2-2　化学试剂与材料

名称	规格	生产厂家
苯甲酸	A.R.	天津市风船化学试剂科技有限公司
苯甲酸	标准品	阿拉丁试剂公司
无水乙醇	A.R.	天津市光复精细化工研究所
苯甲酸乙酯	A.R.	重庆川东化工（集团）有限公司化学试剂厂
苯甲酸乙酯	标准品	阿拉丁试剂公司
无水 $MgSO_4$	A.R.	重庆川东化工（集团）有限公司化学试剂厂
无水 $NaSO_4$	A.R.	重庆川东化工（集团）有限公司化学试剂厂
4Å 分子筛	A.R.	成都合成兴业公司
硅胶	工业级	天津市东升化学试剂厂
无水 Na_2CO_3	A.R.	重庆川东化工（集团）有限公司化学试剂厂

续表

名称	规格	生产厂家
NaOH	A.R.	重庆川东化工（集团）有限公司化学试剂厂
$NaHCO_3$	A.R.	重庆川东化工（集团）有限公司化学试剂厂
浓 H_2SO_4	A.R.	重庆川东化工（集团）有限公司化学试剂厂
甲醇	L.R.	阿拉丁试剂公司
H_3PO_4	L.R.	重庆川东化工（集团）有限公司化学试剂厂
定量滤纸（ϕ10）		天津市东升化学试剂厂
称量纸		天津市东升化学试剂厂
超纯水	A.R.	南京轩昊电子科技有限公司 EPED－20TH 痕量分析型超纯水器制备
钨铼热电偶（W/3%Re-W/25%Re）	ϕ0.25	安泰科技股份有限公司难熔材料分公司
钨铝丝（WAl）	ϕ0.5	北京钨钼材料厂

二、实验设备

实验所用仪器及其型号见表 2-3。

表 2-3 实验仪器

仪器名称	仪器型号	生产厂家
球磨机	QM-3SP2	南京大学仪器厂
电热干燥箱	DGB20-003SC	重庆华茂仪器有限公司
万分之一天平	AR224CN	奥豪斯仪器有限公司（上海）
X 射线衍射仪	D/max-TTRⅢ，CuK_α	日本理学 Rigaku
扫描电子显微镜	SSX-550	日本岛津公司 SHIMADZU
透射电子显微镜	JEM-2100	日本电子株式会社
傅里叶红外	NICOLET IS10	Thermo SCIENTIFIC
高效液相色谱仪	L600	北京普析通用仪器有限责任公司
多功能烧结炉	HIGH-MUTLI 500	日本 Fujidempa Kogyo Co. LTD
放电等离子烧结炉	SPS-1050T	日本 SUMITOMO COAL MINING MINING CO. LTD
多功能力学性能试验机	AG-2000A	日本岛津
燃烧合成装置（定制）	5L	大连科茂实验设备有限公司
集热式磁力搅拌器	DF-101	郑州长城科工贸有限公司
超声波清洗器	kq3200E	昆山超声波清洗机厂
超纯水仪	QYZH-10	重庆前沿水处理设备有限公司
电动离心机	80-2	郑州长城科工贸有限公司

第二节　制备工艺路线

根据制备产物 Ti_3AlC、Ti_2AlC、Ti_3AlC_2 等，所采用的 Ti、Al 和 C 原料配比均为物质的量之比，添加自制 TiC、TiAl、$TiAl_3$ 均保持 Ti、Al 和 C 总物质的量之比不变；采用 Ti 和 C 物质的量之比 1∶1 混合物为引燃剂。以无水乙醇为介质在行星式球磨机上将配料球磨 8h，干燥后，将混合料冷压成约 50％理论密度的 ϕ30mm×45mm 的试样，在氩气保护下以通电钨丝圈点燃反应物，方案流程如图 2-1 所示。

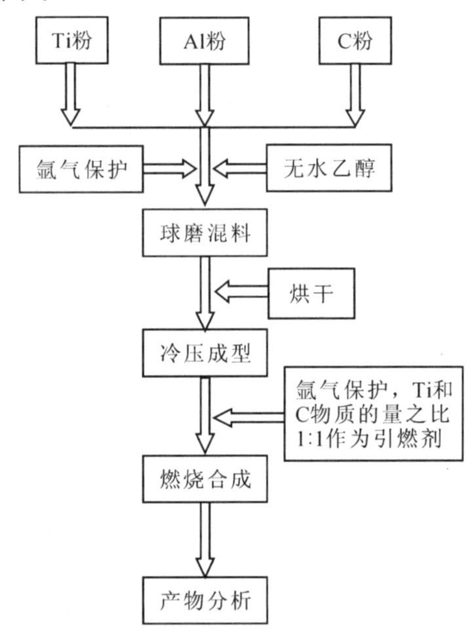

图 2-1　制备工艺流程图

反应物的点燃方式：燃烧合成（CS）是利用外部提供必要的能量诱发高放热化学反应体系局部发生化学反应（点燃），形成化学反应前沿（燃烧波），化学反应在自身放出热量的支持下继续进行，表现为燃烧波蔓延至整个体系，最后合成所需材料（粉料或产品）。Ti-Al-C 单质反应体系是强放热反应体系，可用火焰、电阻热、电弧、微波和激光等局部直接点燃原材料的混合物。本书是采用 Ti∶C＝1∶1（物质的量之比）的混合物引燃反应物粉体一端的局部，使反应自发地向另一端蔓延。

第三节　燃烧合成产物

将柱体试样置于反应室内，经抽真空除去空气后通入氩气，反复洗气两三次，反应室内的氩气压力为0.2MPa，通电于钨丝点火，反应混合物点燃后切断点火电源，燃烧波在柱体试样顶端自上而下蔓延，得到合成产物。

一、TiC 制备

按照TiC的化学计量物质的量之比1∶1进行配料，以无水乙醇为介质在行星式球磨机上将配料球磨8h，干燥后，将混合料冷压成约50%理论密度，在氩气保护下以通电钨丝圈点燃反应物，得到产物，过200目筛子，保存备用。

二、金属间化合物 TiAl 和 $TiAl_3$ 制备

按照TiAl和$TiAl_3$制化学计量物质的量之比进行配料，其余同本节TiC制备。

三、Ti_3AlC_2、Ti_2AlC 和 Ti_3AlC 制备

按照设定的Ti、Al和C物质的量之比称取原料粉体，分别制备Ti_3AlC_2、Ti_2AlC和Ti_3AlC产物。以无水乙醇为介质在行星式球磨机上球磨8h，干燥后，在氩气保护下以通电钨丝圈点燃反应物，同时采用W/3%Re－W/25%Re热电偶和计算机数据采集系统相连记录燃烧反应温度。

第四节　热压和放电等离子烧结制备块体材料

一、热压烧结制备块体材料

制备燃烧粉体研细，过100目网筛，在不添加任何助剂下装入ϕ50mm的石墨模具中，将样品粉体干压成型获得素坯，然后采用多功能高温烧结炉，用石墨坩埚对素坯进行热压烧结，烧结压力为25MPa，升温速率为20℃/min，氧气保护，烧结温度分别为1350℃、1400℃、1450℃和1500℃，达到最高温度再保温2h后自然冷却，制得4块厚度约8mm、ϕ50mm的圆饼状烧结陶瓷块体。

二、放电等离子烧结制备块体材料

制备燃烧粉体研细，过100目网筛。将燃烧合成粉体装入ϕ20mm的石墨模具中，Ti_3AlC_2粉体在1300～1500℃烧结，Ti_2AlC粉在1200～1350℃烧结。本实验是在日本住友石炭矿业株式会社生产的Dr Sinter（SPS-1050）放电等离子烧结炉上进行。放电等离子的烧结制度为：升温速率为200℃/min，烧结

过程中所加压力为 20MPa，真空下烧结，保温时间 5min，然后在 3min 内迅速冷至 600℃以下，所得样品为 ϕ20mm 的圆片。

第五节　产物分析与燃烧过程温度测定

一、燃烧合成产物的分析

主要测试分析由不同原料配比、不同合成工艺所制备产物的相组成和显微结构等。

1. X 射线衍射分析技术

利用 X 射线衍射（XRD）仪研究与分析材料相组成，2θ 测量范围 5°～80°，步长 0.02°，速度 4°/min。

2. 扫描电子显微镜分析技术

扫描电子显微镜（SEM）观察和分析产物粉体的表面、热压样品端口的显微结构。

二、烧结样品抗弯强度和断裂韧性测定

采用三点弯曲加载法测试材料的抗弯强度。将烧成的陶瓷试块用外圆切割机割成宽 3mm 和 4mm 试样条，然后在磨床上分别打磨成高约 4mm 和6mm，最后研磨、抛光获得 3mm×4mm 和 4mm×6mm 的试样条，前者测定抗弯强度，后者测定断裂韧性（在试件中央用厚 0.2mm 的金刚石锯片切割深度约 2.5mm 的缺口）。用三点弯曲法测定试样的抗弯强度和断裂韧性（单边切口梁法），跨距分别为 30mm 和 24mm，加载速率分别为 0.5mm/min 和 0.05mm/min，加载直至试件断裂，记录最大载荷，计算试件抗弯强度和断裂韧性数值。

三、烧结样品密度测定

块体烧结样品的密度利用阿基米德法测定，利用测定抗弯强度和断裂韧性后的试件测定样品密度。

四、烧结样品硬度测定

烧结样品的硬度用维氏硬度计荷载 5kg 测量，利用经研磨、抛光的试件测定其硬度，即用测定抗弯强度和断裂韧性后的试件。

五、燃烧体系过程温度测定

在氩气保护下以通电钨丝圈点燃反应物，同时采用 W/3%Re－W/25%Re 热电偶和计算机数据采集系统相连记录燃烧反应温度。

第三章　燃烧合成 Ti_3AlC_2 粉体

第一节　引　　言

Ti-Al-C 体系三元碳化合物主要有 Ti_3AlC_2、Ti_2AlC 和 Ti_3AlC，其中 Ti_3AlC_2 和 Ti_2AlC 符合 $M_{n+1}AX_n$（式中，$n=1\sim3$，M 为过渡金属，A 为第 IIIA 或 IVA 族元素，X 为 C 或 N）通式，这类层状三元化合物具有相同的晶格结构，属于六方晶系，空间群为 $P6_3/mmc$，该系列化合物已报道的见表 3-1。

表 3-1　$M_{n+1}AX_n$ 系列化合物

$n=1$	Ti_2AlC	Ti_2AlN	Hf_2PbC	Cr_2GaC	V_2AsC
	Ti_2InN	Nb_2AlC	$(Ti, Nb)_2AlC$	Nb_2GaC	$Ti_2AlC_{0.5}N_{0.5}$
	Nb_2AsC	Zr_2InN	Ti_2GeC	Cr_2AlC	Zr_2SC
	Mo_2GaC	Ti_2CdC	Hf_2InC	Zr_2SnC	Ta_2AlC
	Ti_2SC	Ta_2GaC	Sc_2InC	Hf_2SnN	Hf_2SnC
	V_2AlC	Nb_2SC	Ti_2GaC	Ti_2InC	Ti_2TlC
	Ti_2SnC	V_2PC	Hf_2SC	Cr_2GaN	Zr_2InC
	Zr_2TlC	Nb_2SnC	Nb_2PC	Ti_2GaC	V_2GaN
	Nb_2InC	Hf_2TlC	Zr_2PbC	Ti_2PbC	V_2GaC
	Hf_2InC	Zr_2TlN			
$n=2$	Ti_3AlC_2	Ti_3SiC_2	Ti_3GeC_2		
$n=3$	Ti_4AlN_3				

$M_{n+1}AX_n$ 陶瓷材料是一类综合了金属与陶瓷优异性能的层状化合物，如像金属，它是优良的热导体和电导体（如 Ti_3SiC_2 其导电导热性能比纯金属 Ti 还要优异），极易加工，相对较软，抗热震性好，在较高温度下具有一定的可塑性；像陶瓷，具有高熔点，高模量，低密度，高温强度和良好的抗氧化性。此外，它们有优于石墨和 MoS_2 的自润滑性能，特别是其电、磁甚至力学性能随温度、取向的改变发生“反常”变化。这些特性是现有已知材料中极为罕见的。

对 $M_{n+1}AX_n$ 晶体和电子结构研究表明，$M_{n+1}AX_n$ 都具有六方晶系的层状晶体结构，其优异的性能与晶体结构中的化学键同时具有共价键、离子键和金属键的成键特性有关，晶体结构的各向异性使得这类材料的很多性能呈各向异性，$M_{n+1}AX_n$ 的结构特性决定了其在宏观上具有综合金属和陶瓷共同性能的特点。

一、Ti_3AlC_2陶瓷材料的结构

三元碳化合物 Ti_3AlC_2为六方晶系，空间群为 D_{6h}^4-$P6_3/mmc$，其晶格常数 $a=0.30753$nm，$c=1.8578$nm，理论密度为 4.247/cm^3，其结构如图 3-1 所示。紧密堆积的 Ti_6C 八面体被由 Al 原子形成的 Al 层分隔开来，C 原子位于八面体的中心，每一个晶胞中含有两个 Ti_3AlC_2分子，Ti 与 C 之间为典型的共价键结合，共价键结合力比较强，这就使材料具有高熔点、高模量等性能；而 Al 原子层内部及 Al 原子与 Ti 之间以弱键相结合，这种各层间以弱键结合的特征类似于石墨层间的 van der Waals 力弱键结合，这就可以解释 Ti_3AlC_2材料的层状结构和材料的自润滑性。正因为 Ti_3AlC_2在结构上有上述的特点，使其兼具了金属和陶瓷的导电、导热性以及高强度、可加工性等许多优异的性能。

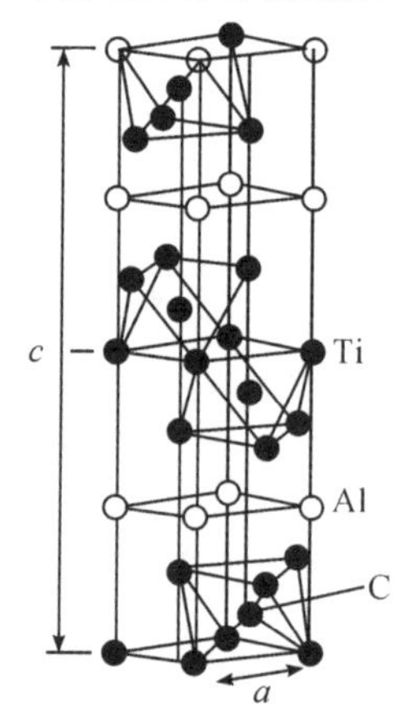

图 3-1　Ti_3AlC_2的结构图

二、Ti_3AlC_2材料性能

1. 力学性能

Ti_3AlC_2的维氏硬度随所加载荷的变化而变化。Tzenov 等人的研究表明，当加载压力达到 100 N 之后，Ti_3AlC_2的维氏硬度趋于稳定值 3.5GPa。Wang 等人得到 Ti_3AlC_2的维氏硬度在 2～5GPa 变化，当载荷为 0.5～3 N 时，维氏硬度值随载荷的增加而降低；当载荷增加到 10 N 时，维氏硬度趋于稳定值 2.7GPa。其维氏硬度值都比类似的 Ti_3SiC_2相应的维氏硬度值低，其原因归结于 Ti 原子与 Al 原子之间的结合力比 Ti 原子与 Si 原子之间的结合力要弱。

Tzenov 等人在室温下测得 Ti_3AlC_2的杨氏弹性模量为 297GPa，抗压强度和抗弯强度分别为 560MPa±20MPa 和 375MPa±15MPa，且抗弯强度随载荷增加变化较小。同时研究了热冲击对 Ti_3AlC_2抗弯强度和硬度的影响。当从 700℃淬冷到室温时，强度从 375MPa 降到 240MPa；在 1300℃淬冷时，强度

略有回升；低于 1100℃淬冷时，维氏硬度会随温度的升高而降低。Wang 等人利用三点弯曲法测定 Ti_3AlC_2 的抗弯强度为 340MPa，平面应变断裂韧度为 7.2MPa · $m^{\frac{1}{2}}$，并研究了热冲击对 Ti_3AlC_2 的抗弯强度的影响。800℃淬冷时，弯曲强度将从 340MPa 降到 220MPa；当淬冷温度为 900℃时，弯曲强度降到最低值 200MPa；淬冷温度从 1000℃增加到 1300℃时，强度值从 220MPa 升高到 320MPa，说明 Ti_3AlC_2 具有良好的抗热震性。Tzenov 等人的研究亦表明 Ti_3AlC_2 具有良好的抗热震性，超过 1600℃时，受压变形过程中伴随着明显的塑性，且此时对应着很高的压应力。Wang 等人测得 Ti_3AlC_2 的抗弯强度和断裂韧度分别为 522MPa±30MPa 和 9.1MPa±0.3MPa · $m^{\frac{1}{2}}$。数据的差异性与制备工艺和产物纯度密切相关。

2. 热性能和电性能

在惰性气氛中，Ti_3AlC_2 在 1300℃是热稳定的，据报道它的分解温度是 1350℃。Ti_3AlC_2 是一种同时具有陶瓷和金属优点的导电性陶瓷材料，像金属一样，其电阻率随着温度的升高而呈线性减少。在－153～27℃时，Ti_3AlC_2 电阻率随着温度升高而呈线性增加；在－223～153℃，电阻率与温度关系偏离线性；低于－233℃时，电阻率保持在 $0.90\times10^{-7}\Omega\cdot m$。室温时，$Ti_3AlC_2$ 的电导率为（2.9±0.15）$\times10^6 S\cdot m^{-1}$，1200℃时，电导率为 $1\times10^6 S\cdot m^{-1}$，线胀系数为 $9.0\times10^{-6} K^{-1}$，在－269～－263℃时，热容随温度单调递增，具有典型的金属导体的特性。室温时，热导率为 27.5W/（m · K），1200℃时，热导率为 34.84 W/（m · K），热容 C_p 为 125.4kJ/mol。由此可见，Ti_3AlC_2 材料具有优异的导电和导热性能。

3. 抗氧化性

Tzenov 等研究了 Ti_3AlC_2 在 800～1100℃的高温氧化行为，氧化过程由氧向内扩散和 Ti、Al 向外扩散控制，形成富 Al_2O_3 层对抗氧化性有利。Wang 等研究了 Ti_3AlC_2 在 800～1300℃、20h 空气下的氧化性能，研究的结果表明：Ti_3AlC_2 的氧化动力学曲线是抛物线型的，抛物线速率常数 K_p 随着温度从 800℃上升到 1300℃，单位重量只从 $0.1\times10kg/m^2$ 增加到 $0.91\times10kg/m^2$，由此表明，Ti_3AlC_2 具有非常优异的抗氧化性能。材料表面被氧化所形成的是致密的、具有黏性的、抗热循环的层状氧化膜。

4. 摩擦学性能

翟洪祥等人研究了高纯度致密的多晶 Ti_3AlC_2 块体材料对低碳钢的干滑动摩擦、磨损特性及摩擦表面的氧化行为。实验在盘一块式高速摩擦试验机上进行，滑动速度为 20～60m/s，法向压强为 0.2～0.8MPa。结果表明：随着滑动速度的提高，摩擦系数减小，Ti_3AlC_2 的磨损率增大。法向压强的增大导致 Ti_3AlC_2 磨损率增大，但对摩擦系数的影响较小。在 60m/s 和 0.8MPa 下，摩擦系数仅为0.1左右，而Ti_3AlC_2的磨损率仅为$2.5\times10^{-6}mm^3/(N\cdot m)$左右。如此低的摩擦系数和磨损率归因于$Ti_3AlC_2$表面摩擦氧化薄膜的存在。该薄膜由非晶态的Ti、Al和Fe的混合氧化物组成，具有良好的润滑—减磨作用。

5. 可加工性

Ti_3AlC_2的一个优异性能就是它可以用高速钢刀具进行机械加工，且不需冷却和使用润滑剂。它们在被加工时并不会像金属那样发生塑性变形，仅发生微细薄片的剥落，就这一点而言，它们与石墨和其他的可加工陶瓷类似。值得注意的还有，因其优异的导电性还使其可以用电子放电加工进行成形。

6. Ti_3AlC_2陶瓷材料的应用前景

Ti_3AlC_2陶瓷材料集金属和陶瓷的优良性能于一身，耐氧化、抗热震、高弹性模量、高断裂韧性，更为重要的是在高温下具有良好的塑性并能保持比目前最好的硬质合金还高的强度，而且易加工并有良好的自润滑性能，所以Ti_3AlC_2既是高温发动机的理想候选材料，又可代替石墨制作新一代电刷和电极材料，同时也适用于如化学反应釜用的搅拌器轴承、气氛热处理炉用的风扇轴承以及特殊机械密封件。由于Ti_3AlC_2陶瓷材料还能够吸收机械震动，并仍可以保持硬度和轻型的特点，可以用于汽车、飞机发动机部件的制造以及精密机械工具和电子绝缘材料的生产。

第二节　三元碳化合物Ti_3AlC_2的确认

Ti_3AlC_2是2000年左右合成出的新相物质，目前一般按Tzenov等文献中的X射线衍射角2θ为标准（$CuK_\alpha=1.5418$），并结合Ti_3AlC_2相的微观组织形貌是层状结构的特点，用SEM观察形貌确认。在本研究中，为进一步确证Ti_3AlC_2相，还通过EDS定量分析确认合成产物中Ti∶Al的原子比。图3-2(a)是Ti_3AlC_2相的典型层状形貌，图3-2(b)是3-2(a)中“+”处的EDS结果，EDS定量分析结果表明Ti和Al的相对原子百分含量比为Ti∶Al=75.06∶24.94=3∶1。依据上述三个方面实验结果，证实本研究在Ti-Al-C体系燃烧合成实验中确实得到了层状三元碳化物Ti_3AlC_2。

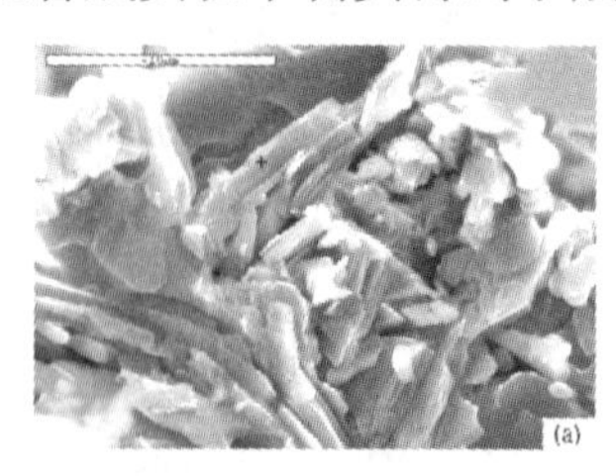

(a) Ti_3AlC_2相的形貌

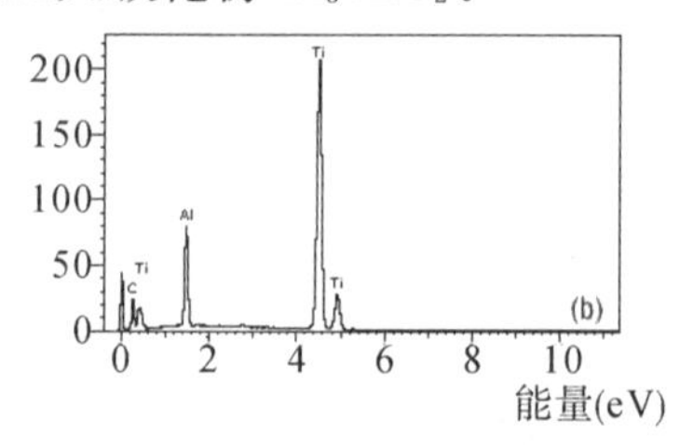

(b) 图3-2(a)中“+”处的EDS分析结果

图3-2　Ti∶Al∶C=2∶2∶1体系燃烧合成产物的典型显微结构照片和其EDS分析结果

第三节　燃烧合成 Ti_3AlC_2 的反应机理研究

一、实验方法

以 Ti 粉、Al 粉和炭黑为原料，按 Ti∶Al∶C＝2∶2∶1 配料的混合料，将反应混合料装于铜质楔形模具，如图 3-3 所示。然后将其置于燃烧合成反应装置中，在氩气保护下以通电钨丝圈点燃引燃剂，引发燃烧反应。由于铜质体极易吸热，尤其是反应体由上往下逐渐减小，铜质体吸热也最多，因此体系反应温度越靠近底部，温度越低，燃烧反应将自动熄灭。这样反应过程中，离燃烧波前沿不同距离的燃烧中间产物可以保留下来，取不同部位的产物用 XRD 分析其相组成和用 SEM 观察其微观组织形貌。

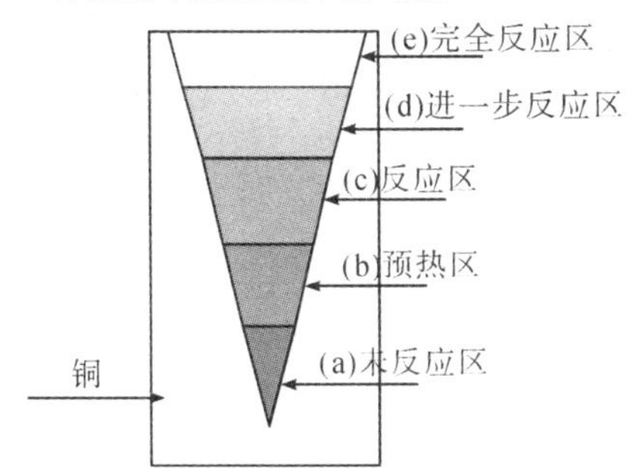

图 3-3　淬火反应用铜质楔形模具

二、不同部位淬火反应产物的物相分析

图 3-4 是取淬火反应不同部位得到的 XRD 图。由于实验采用炭黑（无定形）为碳源，所以图 3-4 中没有碳的 X 衍射峰。图 3-4(a) 中仅有 Ti 和 Al 衍射峰，说明该区域没有新物质生成，未发生反应。图 3-4(b) 除了有 Ti 和 Al 衍射峰外，还出现了 Al_3Ti 和 TiC 的衍射峰，说明该区域已经开始发生反应。图 3-4(c) 中 Ti 和 Al 的衍射峰变得很微弱，同时开始出现 Ti_3AlC_2 的衍射峰。图 3-4(d) 中，Ti、Al 衍射峰已经完全消失，Ti_3AlC_2 和 TiC 成为主要的晶相。图 3-4(e) 中 Ti_3AlC_2 的衍射峰逐渐增强，同时 TiC 的衍射峰减弱，表示 Ti_3AlC_2 相的量逐渐增加。

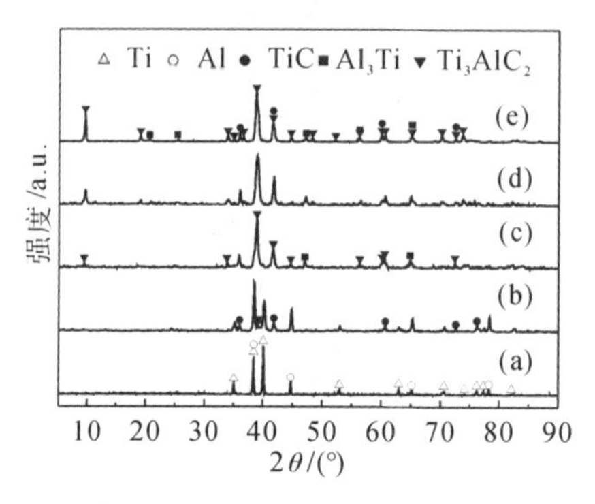

(a) 未反应区；(b) 预热区；(c) 反应区；(d) 进一步反应区；(e) 完全反应区

图 3-4 淬火样不同部位的 XRD 图

三、不同部位淬火反应产物的微观形貌

图 3-5 表示了淬火样各区域的微观形貌。图 3-5(a) 是未反应区域的形貌图，图中显示的是原始粉料的形貌。图 3-5(b) 表示了预热区的微观形貌，结合 XRD 的结果，颗粒状 TiC 被包裹在 Ti、Al 及 Ti-Al 金属间化合物中。图 3-5(c)中开始出现少量的层状结构，这是 Ti_3AlC_2的典型结构。当反应进一步进行时，层状结构越来越多，而 TiC 晶粒逐渐减少，如图 3-5(d) 所示。在完全反应区，层状的 Ti_3AlC_2成为主要的晶相，少量的颗粒状 TiC 晶粒残留在层状结构之间，如图 3-5(f) 所示。

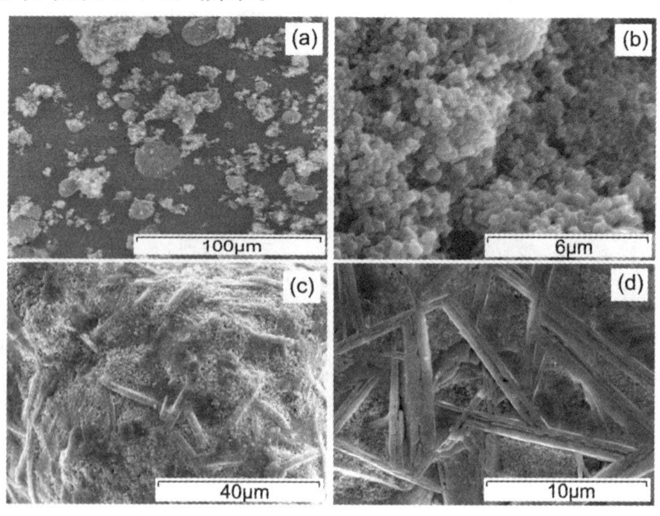

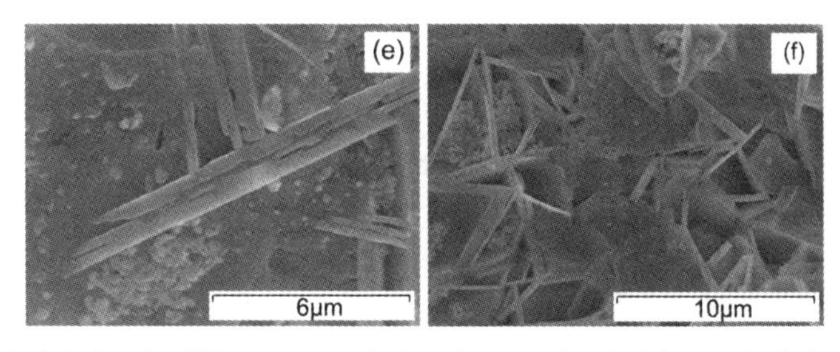

(a) 未反应区；(b) 预热区；(c) 反应区；(d)、(e) 进一步反应区；(f) 完全反应区

图 3-5　淬火样各区域的微观形貌

四、小结

Ti-Al-C 体系中燃烧合成 Ti_3AlC_2 的反应机理是溶解一析出：当从一端点燃 Ti、Al 和 C 的混合粉末时，燃烧波迅速在试样中传播，Ti 与 Al 首先形成 Ti-Al 金属间化合物熔体和 Ti 与 C 生成 TiC，然后生成的 TiC 溶解到 Ti-Al 金属间化合物熔体中，最后熔体中析出三元碳化合物 Ti_3AlC_2，并生成层状结构，层状结构取向是择优、梯田结构式生长。

反应分为下面两步：

$$Ti+Al \rightarrow Ti\text{-}Al\ melt \ \&\ Ti+C \rightarrow TiC$$

$$TiC + Ti\text{-}Al\ melt \rightarrow Ti_3AlC_2$$

根据上面的分析，燃烧合成 Ti_3AlC_2 的过程可以分为三个阶段。

1. 预热阶段

Al 首先熔化和蔓流，随后生成的 Ti-Al 熔体开始包覆炭黑。

2. 初始反应阶段

生成的 Ti-Al 熔体包覆炭黑，并在炭黑表面发生反应生成 TiC_{1-x}。不断生成的 TiC_{1-x} 薄层逐渐溶解到 Ti-Al 熔体中，TiC 晶核开始在 Ti-Al 熔体中析出。

3. 溶解析出阶段

此时，先前生成的 TiC 晶核重新溶解到 Ti-Al 熔体中，三元碳化合物从熔体中析出并发育成层状结构。随反应的进行，三元碳化合物逐渐增多，并发育成比较完整的层状结构。

第四节　不同气氛和素坯密度对燃烧合成 Ti_3AlC_2 的影响

燃烧合成以其特有的反应迅速、工艺简单、节省能源和成本低廉等特点，在高温结构材料、记忆合金、功能材料和复合材料的制粉工作中得到了广泛的应用。但是，燃烧合成高纯 Ti_3AlC_2 材料的制备是技术性难题，受反应体系的环境影响较大。在 Ti-Al-C 三元相图中，Ti_3AlC_2 相的稳定区很窄，容易形成 TiC 等杂质相。本节主要研究不同环境气氛和素坯密度对燃烧合成 Ti_3AlC_2 的影响，见图 3-6。

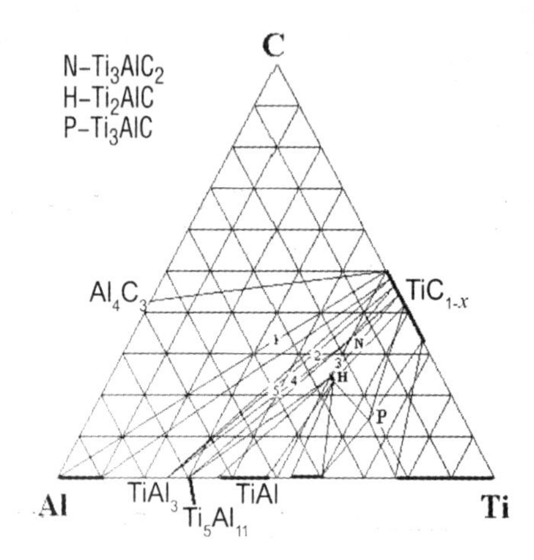

图 3-6　Ti-Al-C 相图在 1300℃的等温截面

一、实验方法

实验原材料为 Ti 粉、Al 粉和炭黑，按 Ti∶Al∶C=2∶2∶1（物质的量之比）配料，以无水乙醇为介质在行星式球磨机上球磨 8h，干燥后，将混合料松装在 ϕ30mm×35mm 反应器具中，或者在 20MPa 和 40MPa 压力下，在不锈钢模具中冷压成 ϕ30mm×35mm 的圆柱体，在真空或氩气保护下以通电钨丝圈点燃反应物。XRD 分析产物相组成，SEM 观察显微结构形貌。

二、气氛对燃烧合成 Ti_3AlC_2 的影响

图 3-7 是不同环境和素坯密度条件下燃烧反应产物的 XRD 分析结果。图 3-7(a) 的 XRD 分析结果表明：燃烧产物物相主要为 TiC，而 Ti_3AlC_2 很少，同时也有很弱的 Al_3Ti 和单质 Al 衍射峰。图 3-7(b) 是在 0.2MPa 氩气气氛中的燃烧反应产物 XRD 分析结果，产物主晶相为 Ti_3AlC_2，而 TiC 的量很少。说明在真空状态下不利于 Ti_3AlC_2 相的燃烧合成，燃烧合成 Ti_3AlC_2 应在氩气气氛中进行。此外，在不同氩气气氛（0.1～2MPa）下的燃烧合成实验结果表明：不同氩气压力对燃烧合成 Ti_3AlC_2 影响不大。在 Ti-Al-C 体系中，由于 Al 的熔点只有 660℃，而燃烧反应的燃烧温度通常高于 1527℃，实验中测得燃烧反应温度在 1727℃左右，所以 Al 在燃烧合成反应中必然会因高温而部分蒸发损失，尤其是在真空环境点燃反应物，则蒸发损失更多。实验中在产物表面和装置内部附着的白色粉末，经分析为 Al。可见，真空环境造成了反应原料的

不均匀性，但在氩气气氛中却基本消除了 Al 的蒸发损失。因此，氩气气氛有利于 Ti_3AlC_2 的燃烧合成。

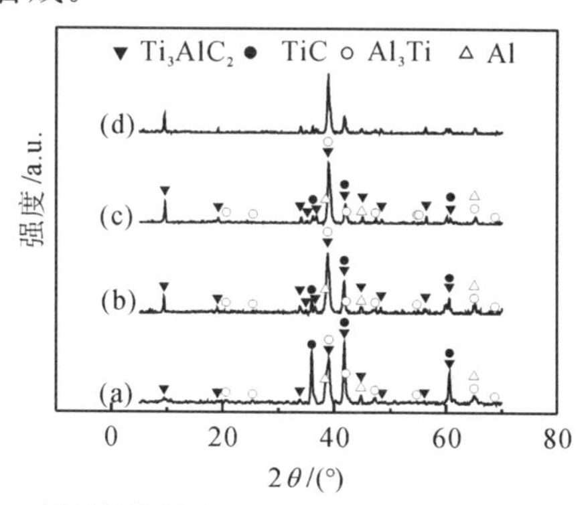

(a) 原料松装/真空；(b) 原料松装/氩气 0.2MPa；
(c) 原料 20MPa 冷压/真空；(d) 原料 40MPa 冷压/真空

图 3-7　Ti-Al-C 体系燃烧合成产物的 XRD 谱图

三、素坯密度对燃烧合成 Ti_3AlC_2 的影响

图 3-7(c) 和 3-7(d) 分别是 20MPa 和 40MPa 下，在不锈钢模具中将原料冷压成 ϕ30mm×35mm 的圆柱体（约为理论密度的 60%和 70%），于真空环境下点燃的燃烧反应产物的 XRD 谱图。从 XRD 分析结果可知，燃烧产物的主晶相都为 Ti_3AlC_2，而 TiC 的生成量很少，同时有极少量的 Al_3Ti 和单质 Al。与原料松装/真空的图 3-7(a) 的 XRD 结果比较：反应物原料经冷压后，其燃烧反应主要产物由 TiC 转为 Ti_3AlC_2；与原料松装/氩气的图 3-7(b) 的 XRD 结果比较：燃烧产物主晶相都为 Ti_3AlC_2，而 TiC 的含量很少。说明反应物原料素坯密度的增加，有利于 Ti_3AlC_2 的燃烧合成，该结果与充氩气作为燃烧反应保护气氛的结果一致。这是由于当反应物原料素坯密度的增加，反应物组分之间接触充分，空隙少。当燃烧反应进行时，一方面，组分之间的充分接触使反应进行较充分，另一方面，由于反应原料颗粒之间空隙少，减少了 Al 的蒸发损失。后一点原因与充氩气作为燃烧反应保护气体的效果一致。

为定量表示各燃烧产物中生成 Ti_3AlC_2 的相对含量，采用无重叠衍射峰的 Ti_3AlC_2（002）晶面的衍射峰强度与 TiC（111）晶面的衍射峰强度之比 F 值表示。表 3-2 是相应图 3-7 各燃烧产物生成 Ti_3AlC_2 相对量的 F 值。从表 3-2 可以看出，在原料松装/真空时的燃烧产物中 F 值只有 0.11，但以氩气气氛中获得的燃烧产物的 F 值约增大 10 倍，而将反应物原料冷压成约达理论密度的 60%～70%后，燃烧产物中的 Ti_3AlC_2 的含量，即 F 值增加约 25 倍。从表 3-2 中的 F 值还可看出，反应物原料冷压后，燃烧产物中 Ti_3AlC_2 的含量大于原料松装/氩气的体系，约 2.5 倍。这是由于反应物原料经冷压后，原料素坯密度

增加，组分之间的充分接触使反应进行较充分。表明反应物原料冷压后有利于燃烧合成 Ti_3AlC_2。

表 3-2 各燃烧产物中生成 Ti_3AlC_2 的相对生成量（*F* 值）

反应条件	原料松装/真空	原料松装/氩气 0.2MPa	原料 20MPa 冷压/真空	原料 40MPa 冷压/真空
F 值	0.11	1.04	2.57	2.69

四、燃烧合成产物 Ti_3AlC_2 的显微结构

图 3-8 是相应于图 3-7 各燃烧产物的 SEM 形貌图。图 3-8(a) 是反应物原料松装/真空的燃烧产物的显微结构形貌图：主要为颗粒状物，层状物极少。结合 XRD 分析结果可确认图中的颗粒状物是 TiC，层状物质为 Ti_3AlC_2；图 3-8(b) 是反应物原料松装/氩气的燃烧产物的显微结构形貌图：主要为层状物，同时在层状物间还有较多与图 3-8(a) 相同大小的颗粒状物，结合 XRD 分析结果，层状物质是 Ti_3AlC_2，颗粒状物为 TiC；图 3-8(c) 和 3-8(d) 中层状物更多，颗粒状物相对少，即产物中 Ti_3AlC_2 很多，而 TiC 很少。各燃烧产物的显微结构形貌图与 XRD 分析结果一致。

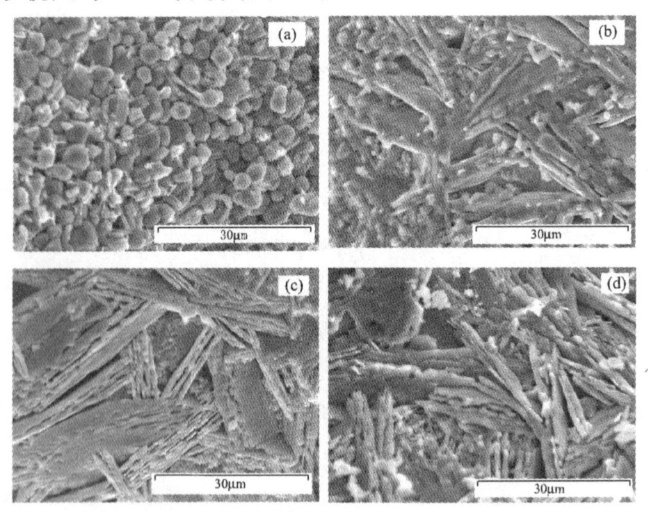

(a) 原料松装/真空；(b) 原料松装/氩气 0.2MPa；(c) 原料 20MPa 冷压/真空；(d) 原料 40MPa 冷压/真空

图 3-8 燃烧合成产物显微结构照片

五、小结

以 Ti、Al 和 C 元素粉末为原料，采用燃烧合成技术可以制备出富含 Ti_3AlC_2 相的复合陶瓷材料；Ti∶Al∶C=2∶2∶1 体系的燃烧合成，在真空状态下，燃烧产物主要为 TiC，在氩气气氛中燃烧产物主晶相为 Ti_3AlC_2；增加

反应物原料的素坯密度，可较大程度地提高燃烧合成 Ti_3AlC_2 效率。

第五节　不同 Ti、C 物质的量之比和 Al 含量对 Ti-Al-C 体系燃烧合成 Ti_3AlC_2 粉体的影响

本节以 Ti、Al 和 C 粉为原料，采用工艺简单的燃烧合成工艺，低成本制备 Ti_3AlC_2 粉体，主要研究了不同 Ti、C 物质的量之比、Al 含量和加入利用燃烧合成自制的 TiC 对 Ti-Al-C 体系燃烧合成 Ti_3AlC_2 的影响。

一、实验方法

以 Al 粉、Ti 粉和炭黑为原料，如表 3-3 所示，无水乙醇为介质在行星式球磨机上球磨 8h，干燥后，取约 30g 压成 ϕ25mm 的圆柱体，在氩气保护下以通电钨丝圈点燃反应物。采用 XRD 确定产物相组成，SEM 观察反应产物的显微结构形貌。

表 3-3　样品的原始配比和燃烧合成产物物相

样品编号	物质的量之比	产物组成	衍射峰强度+		
	Ti ∶ Al ∶ C		Ti_3AlC_2	TiC	Ti_2AlC
TAC111	1∶1∶1	TiC，Al，Al_4C_3	—	VS	—
TAC312	3∶1∶2	Ti_3AlC_2，TiC，Al	VW	VS	—
TAC31.32	3∶1.3∶2	Ti_3AlC_2，TiC，Al_3Ti，Al	W	S	—
TAC31.52	3∶1.5∶2	Ti_3AlC_2，TiC，Al_3Ti，Al	VW	S	—
TAC322	3∶2∶2	TiC，Al_3Ti，Al	—	VS	—
TAC211	2∶1∶1	Ti_3AlC_2，TiC，Al_3Ti，Ti_2AlC	M	W	W
TAC21.51	2∶1.5∶1	Ti_3AlC_2，TiC，Al_3Ti，Al	S	W	—
TAC221	2∶2∶1	Ti_3AlC_2，TiC，Al_3Ti，Al	VS	VW	—
TAC231	2∶3∶1	Ti_3AlC_2，TiC，Al_3Ti，Al	S	W	—
TAC311	3∶1∶1	TiC，Ti_2AlC，$AlTi_3$，Ti	—	VS	M
TAC321	3∶2∶1	Ti_2AlC，TiC	—	VW	VS
TAC331	3∶3∶1	Ti_2AlC，TiC，Ti_3AlC_2，Al_3Ti，Al	W	VW	S
TAC221－20*	2∶2∶1	Ti_3AlC_2，TiC，Al_3Ti，Al	VS	VW	—

+：“VS”，非常强；“S”，强；“M”，中；“W”，弱；“VW”，非常弱；

* 添加 20wt.%TiC；“—”，无。

二、不同 Ti、C 物质的量配比和 Al 含量燃烧产物的 XRD 分析及其 SEM 显微结构形貌

图 3-9 是按表 3-3 配比将 Ti、Al 和 C 元素粉末混合物点燃获得的燃烧合成产物的 XRD 图，图 3-10 是相应产物的 SEM 显微结构形貌图。从图 3-9 和图 3-10 可以看出，不同的反应物配比对产物物相组成和产物微观形貌影响很大，其中 Ti、C 物质的量之比和 Al 含量变化对产物物相组成影响最大。

1. Ti/C＝1 时，Al 含量对 Ti-Al-C 体系燃烧合成产物的影响

图 3-9(a) 中，TAC111 燃烧产物的 XRD 分析结果表明，产物主要相为 TiC 和少量 Al 及 Al_4C_3，未生成 Ti_3AlC_2。许多研究结果表明，在 Ti-Al-C 体系中，当 Ti/C＝1 时，随着原料中 Al 含量的增加得到的反应产物仍是 TiC，但 TiC 颗粒尺寸变小，Al 的衍射峰增强。Choi 等研究也表明，Al 含量为 20at. %时，得到的主要相是 TiC 和 Al 以及少量 Al_4C_3。而少量的 Al_4C_3 是 TiC 与 Al 作用的结果，因为在该条件下 TiC、Al 和 Al_4C_3 等能平衡共存。从 SEM 图 3-10(a) 中可观察到颗粒状的 TiC。

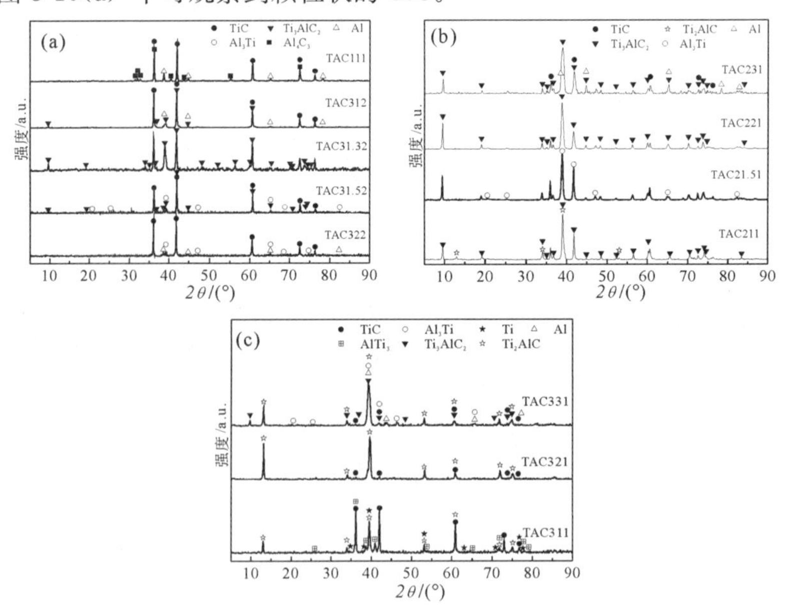

(a) Ti/C＝1 和 1.5；(b) Ti/C＝2；(c) Ti/C＝3

图 3-9　Ti-Al-C 体系燃烧合成产物的 XRD 谱图

2. Ti/C＝1.5 时，Al 含量对 Ti-Al-C 体系燃烧合成产物的影响

当固定 Ti/C＝1.5，原料中 Al 含量由 16.7at. %～28.6at. %变化时，产物的 XRD 分析表明，主晶相为 TiC，除 TAC322 外，其余的样品均得到 Ti_3AlC_2 相，随原料中 Al 含量的增加，Ti_3AlC_2 逐渐减少，最后消失，Al_3Ti

相则由无到逐渐增多，Al 的衍射峰也随之增强，见图 3-9(a)。从图 3-10(b)～3-10（d）中相应 SEM 的微观结构形貌图可清楚地看出此变化规律。

燃烧合成产物中的成分可参考 Ti-Al-C 相图进行简单的分析。图 3-6 是 Ti-Al-C 相图在 1300℃的等温截面图，利用此相图可粗略解释产物物相随 Al 含量的变化：以 Ti/C=1.5 相点为始点，当 Al 含量较低时，物相点在 TiC 和 Ti_3AlC_2 等区域内，即产物主要为 TiC，随着 Al 含量增加，相点进入 TiC、Al_3Ti 和 Al 区域，因此产物物相为 TiC、Al_3Ti 和 Al。

3. Ti/C=2 时，Al 含量对 Ti-Al-C 体系燃烧合成产物的影响

当固定 Ti/C=2，原料中 Al 含量变化时，产物中得到的主晶相是 Ti_3AlC_2。其余物相组成见表 3-3，TAC211 产物物相中还出现了少量 Ti_2AlC 相。其中以 TAC221 产物中的 Ti_3AlC_2 相衍射峰最强。Ti_3AlC_2 的衍射峰随 Al 含量（25.0at.%～40at.%）的增加而显著增加，而 TiC 减弱，但 Al 含量增大到 50.0at.%时，Ti_3AlC_2 的衍射峰减弱。从相应的 SEM 显微结构照片[图 3-10(e)～3-10(g)] 可看出，产物的微观形貌为层状结构。

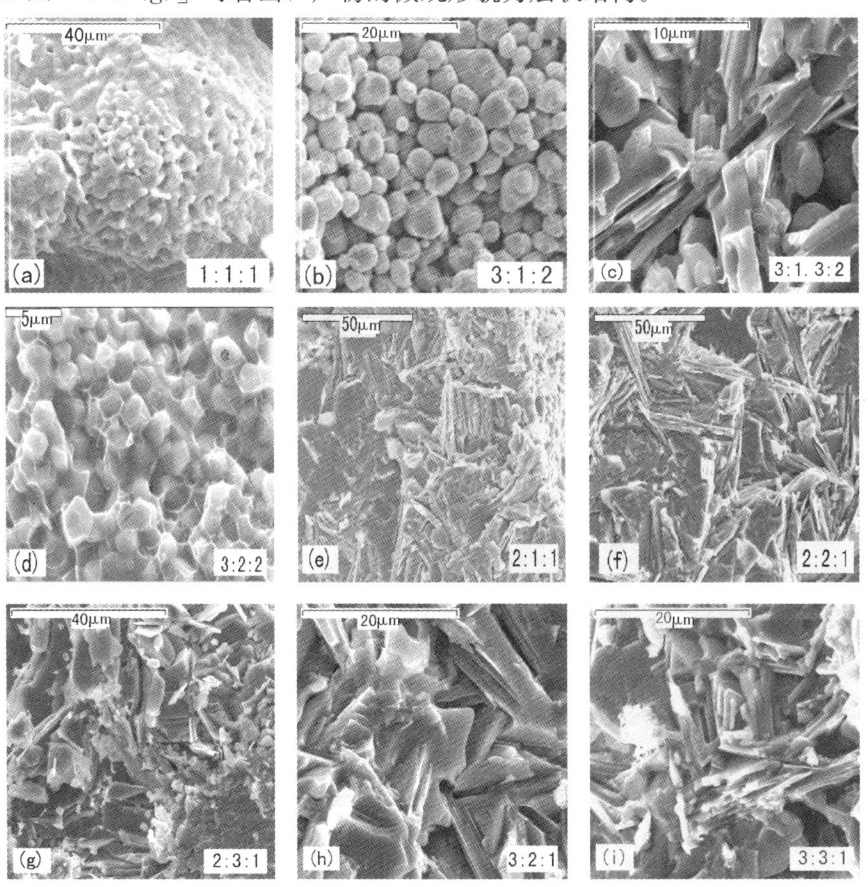

图 3-10　Ti-Al-C 体系燃烧合成产物的显微结构照片

从图 3-6 的相图中可以看出，Ti/C＝2 的相点，仍在 TiC 相线上，随着 Al 含量的增加，相点逐渐进入 Ti_3AlC_2、Al_3Ti 等的相区，所以产物主要为 Ti_3AlC_2相，当 Al 含量再增加时，相点逐渐移出该相区，即 Ti_3AlC_2相减少。

4. Ti/C＝3 时，Al 含量对 Ti-Al-C 体系燃烧合成产物的影响

固定 Ti/C＝3，原料中 Al 含量变化时，Ti-Al-C 体系的燃烧产物与上述各种情况不同：产物主晶相为 Ti_2AlC，尤其 TAC321 样品中的 Ti_2AlC 相衍射峰极强，TiC 的衍射峰极弱，基本为 Ti_2AlC 单相，见图 3-9(c)。该类体系产物物相 Ti_2AlC 随原料中 Al 含量的增加呈正态分布，其中以 TAC321 的 Ti_2AlC 相衍射峰最强，TiC 衍射峰则迅速减弱。TAC331 中还出现了少量 Ti_3AlC_2相，TiC 的衍射峰相对最弱。实验结果表明，当 Ti/C＝3 时，Ti-Al-C 体系通过燃烧合成只能得到主晶相 Ti_2AlC，不能得到 Ti_3AlC_2为主晶相的燃烧产物。同 Ti_3AlC_2一样，Ti_2AlC 也是层状物质，因此在 SEM 照片中的层状物是Ti_2AlC。

从图 3-6 的 Ti-Al-C 相图可以看出：Ti/C＝3 的相点在 TiC 生成相线外，当原料中 Al 含量逐渐增加时，相点逐渐由生成 TiC 区进入 Ti_2AlC 相区，再进入 Ti_2AlC 和 Ti_3AlC_2相区。

三、添加 TiC 对 Ti-Al-C 体系燃烧合成 Ti_3AlC_2的影响

图 3-11 是在 TAC221 中添加 20wt.％ TiC 后的 TAC221－20 燃烧反应产物的 XRD 结果。对比两者的 TiC 衍射峰的相对强度可知，燃烧产物中的 TiC 衍射峰强度明显减弱，这在一定程度上说明，TiC 是 Ti-Al-C 体系燃烧合成 Ti_3AlC_2相的中间物质。该结果也同时证明了 Tomoshige 等对与 Ti_3AlC_2类似的 Ti_2AlC 生成机理的解释是正确的：Ti 和 C 首先反应生成 TiC 后，TiC 再与金属间化合物 Ti-Al 反应生成 Ti_2AlC。

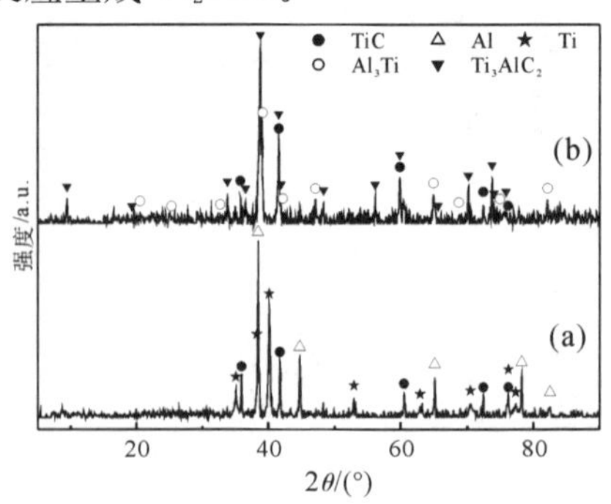

(a) 未反应原料；(b) 燃烧反应产物

图 3-11　TAC221－20 反应原料及其燃烧产物的 XRD 谱图

四、小结

(1) 以 Ti、Al 和 C 元素粉末为原料，采用燃烧合成工艺可以制备出富含

Ti_3AlC_2 相的复合陶瓷材料。

(2) 不同 Ti、C 物质的量之比和 Al 含量，对 Ti-Al-C 体系的燃烧合成产物物相组成影响极大。Ti/C＝1 或 1.5 时，Ti-Al-C 体系燃烧产物主晶相为 TiC，与原料中 Al 含量变化关系不大；Ti/C＝2 和 3 时，燃烧产物主晶相分别为 Ti_3AlC_2 和 Ti_2AlC，Ti_3AlC_2 和 Ti_2AlC 的衍射峰强度均分别随原料中 Al 含量的增加而增强，当 Al 含量增加到一定量后，Ti_3AlC_2 和 Ti_2AlC 的衍射峰强度均又减弱。

(3) TiC 是 Ti-Al-C 体系燃烧合成 Ti_3AlC_2 相的中间物质。

第六节　TiC 和 Ti_3AlC_2 对燃烧合成 Ti_3AlC_2 粉体的影响

一、实验方法

Ti-Al-C 体系中，Al 的熔点只有 660℃，沸点 2517℃，Ti 的熔点1666℃，沸点 3358℃，炭黑的沸点则高达 3782℃，燃烧合成的燃烧温度通常高于 1527℃，所以 Al 在燃烧合成反应中必然会因高温而部分蒸发损失，实验中也发现，如果以真空环境点燃反应物，在产物表面和装置内部附着大量白色粉末，经分析为 Al，进一步说明在燃烧反应过程中会有部分 Al 蒸发损失；Ti 损失少，而炭黑在此条件下不会蒸发损失。因此，在 Ti-Al-C 体系组成配比中，Al 和 Ti 的量应比 Ti_3AlC_2 化学式计量比中的量要多，Al 量则应过量更多一些。Tzenov 等采用的 Ti∶Al∶C 体系化学计量比就是 Ti 和 Al 含量过量，其比例为 Ti∶Al∶C＝3∶1.1∶1.8，本节实验采用此物质的量之比组成进行配料。

实验原材料为 Ti 粉、Al 粉和炭黑以及采用燃烧合成法自制的 TiC 粉末，按 Tzenov 等报道的化学计量比（Ti∶Al∶C＝3∶1.1∶1.8，物质的量之比）配料，详见表 3-4，以无水乙醇为介质在行星式球磨机上球磨 8h，干燥后，在氩气保护下以通电钨丝圈点燃反应物，同时采用 W/3%Re－W/25%Re 热电偶和计算机数据采集系统相连结记录燃烧反应温度。XRD 分析产物相组成（由于实验中用的碳源为无定形炭黑，所以在 XRD 结果中无碳的 X 射线衍射峰），SEM 观察显微结构形貌。采用 Ti_3AlC_2（002）晶面的衍射强度与 TiC（111）晶面的衍射强度（均无重叠衍射峰）之比（*F* 值）表示各燃烧产物中生成 Ti_3AlC_2 的相对量。

表 3-4 样品的原始组成配比和燃烧反应特征

样品编号	物质的量之比 Ti∶Al∶C	TiC/wt. %	Ti_3AlC_2/wt. %	燃烧温度/℃	产物组成	F 值*
TAC0	3∶1.1∶1.8	0	0	2003.7	TiC，Ti_3AlC_2	0.14
TAC2	3∶1.1∶1.8	20.0	0	1873.8	Ti_3AlC_2，TiC	1.99
TAC3	3∶1.1∶1.8	30.0	0	1729.7	Ti_3AlC_2，TiC，Ti_2AlC	2.96
TAC3.5	3∶1.1∶1.8	35.0	0	1604.8	Ti_3AlC_2，TiC，Ti_2AlC	3.13
TAC4	3∶1.1∶1.8	40.0	—	—	未点燃	—
TAC2—10	3∶1.1∶1.8	20.0	10.0**	—	Ti_3AlC_2，TiC	2.64
TAC3—5	3∶1.1∶1.8	30.0	5.0***	—	Ti_3AlC_2，TiC，Ti_2AlC	3.55

* $F=I_{Ti_3AlC_2}(002)/I_{TiC}(111)$，**添加 10wt. %TAC2 燃烧产物，***添加 5wt. %TAC3 燃烧产物。

二、Ti-Al-C 体系中加入 TiC 对燃烧合成 Ti_3AlC_2 的影响

图 3-12 是加入不同量 TiC 后燃烧反应产物的 XRD 分析结果。图 3-12(a)是未加 TiC 的 TAC0 样品燃烧反应产物的 XRD 结果，产物物相主要为 TiC，而 Ti_3AlC_2 很少，说明此反应物配比时，仅由 Ti、Al 和 C 元素粉末以燃烧合成法只能得到少量 Ti_3AlC_2 相物质。图 3-12(b)～3-12(d) 为加入 TiC 后燃烧反应的 XRD 结果，产物物相主要为 Ti_3AlC_2，TiC 则很少。图 3-12(e) 和 3-12(f)为同时加入 TiC 和晶种 Ti_3AlC_2 后得到的燃烧产物的 XRD 结果，产物主要相为 Ti_3AlC_2，TiC 很少。比较它们的 XRD 谱图和表 3-4 中的 *F* 值可知，不管加入 TiC 的量多或量少，在燃烧反应产物中合成的 Ti_3AlC_2 量均远多于未加 TiC 的情况，由此说明加入的 TiC 对于合成 Ti_3AlC_2 极为有利。

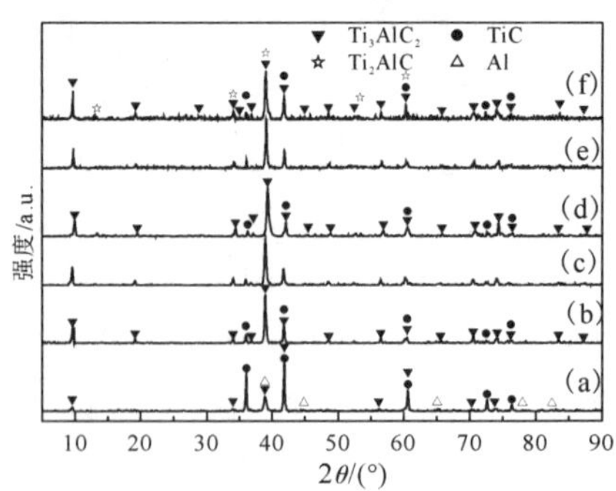

(a) TAC0；(b) TAC2；(c) TAC3；(d) TAC3.5；(e) TAC2—10；(f) TAC3—5

图 3-12 Ti-Al-C 体系燃烧合成产物的 XRD 谱图

图 3-12(b)～3-12(d) 是加入不同 TiC 量得到的燃烧合成产物的 XRD 谱图。TAC2 产物相为 Ti_3AlC_2 和 TiC，其中 Ti_3AlC_2 为主要相；TAC3 产物除 Ti_3AlC_2 和 TiC 外，还出现极微量 Ti_2AlC，其中主要相是 Ti_3AlC_2，而 TiC 少量；TAC3.5 产物相为 Ti_3AlC_2、TiC 和 Ti_2AlC，其中主要相是 Ti_3AlC_2，

TiC 和 Ti_2AlC 为少量。从图 3-12 可以看出，随着 TiC 量的增加，除 Ti_3AlC_2 量增加（*F* 值增加）外，Ti_2AlC 的衍射峰也出现并逐渐增强，但其量都很少。图 3-13 为不同 TiC 量（0wt. %～35wt. %）与 Ti_3AlC_2 生成量（*F* 值）的关系，从图可以看出，两者呈正相关。说明加入不同 TiC 的量，直接影响 Ti_3AlC_2 的生成，进一步证明，TiC 的确直接与金属间化合物 Ti-Al 熔融体反应生成 Ti_3AlC_2。

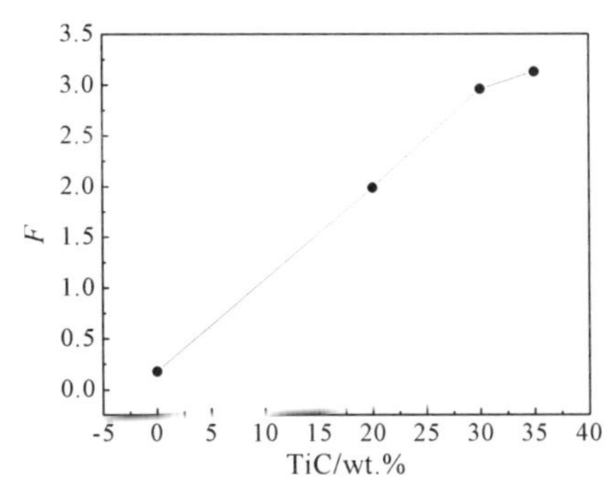

图 3-13　TiC 含量对燃烧合成 Ti_3AlC_2 量的关系

Ti_3AlC_2 生成量随 TiC 的变化，可以从热力学和动力学两方面解释。从热力学因素方面考虑：图 3-14 是反映加入不同 TiC 量与燃烧反应温度（*T*/℃）的关系。从图可以看出，燃烧反应体系的燃烧反应温度随着 TiC 添加量的增加而逐渐降低。在实验中也观察到燃烧反应的剧烈程度也随 TiC 添加量的增加而减缓，当添加 TiC 量为 40wt. %时，燃烧反应体系不能点燃。图 3-15 表示的是体系燃烧反应温度与 Ti_3AlC_2 量（*F* 值）的关系，可以看出，Ti_3AlC_2 的量（*F* 值）随温度升高而降低，与加入 TiC 的量变化一致。由于 Ti_3AlC_2 的分解温度在 1360～1400℃，所以稀释剂 TiC 的加入使燃烧反应体系温度降低，加入的量越多，反应体系反应温度越低，结果 Ti_3AlC_2 的分解率越小，越有利于 Ti_3AlC_2 的生成，即生成的 Ti_3AlC_2 量多。

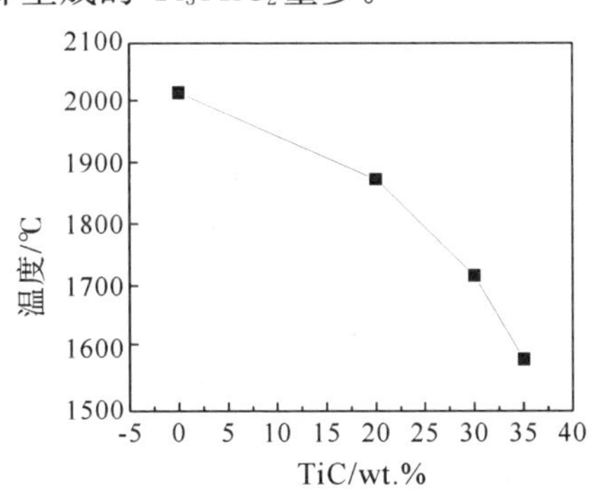

图 3-14　TiC 含量与燃烧反应温度的关系

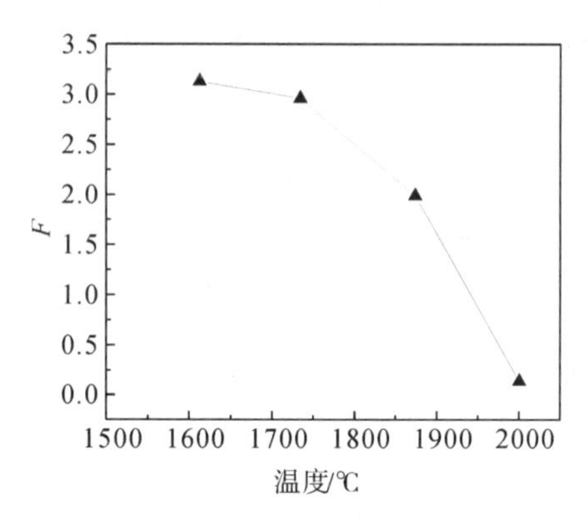

图 3-15　燃烧反应温度与 F 值的关系

从动力学因素方面考虑：TiC 是生成 Ti_3AlC_2 的燃烧反应的关键中间物质，它直接参加了生成 Ti_3AlC_2 的反应。未加 TiC 的 Ti-Al-C 燃烧反应体系，Ti 和 C 之间需要通过燃烧反应合成 TiC，TiC 的生成量相对于同时生成 Ti_3AlC_2 的需要量滞后，另一方面，燃烧反应体系温度降低速度极快，当温度降到生成 Ti_3AlC_2 所需的温度以下时，不能生成 Ti_3AlC_2，即 Ti_3AlC_2 的量就会少，此时 TiC 的量成为主要产物。当加入 TiC 时，反应体系中有较多的 TiC，只要达到反应温度就可以直接反应生成 Ti_3AlC_2，据反应动力学原理可知，TiC 的浓度大，反应生成 Ti_3AlC_2 的速度就快，相应生成 Ti_3AlC_2 的量多。此外，反应体系温度的降低，也使 Al 蒸发损失量减少，从而有利于燃烧合成法反应生成 Ti_3AlC_2。

三、加入晶种 Ti_3AlC_2 对燃烧合成 Ti_3AlC_2 的影响

图 3-12 中 TAC2-10 和 TAC3-5 是在添加 TiC 的基础上分别再加入 10wt.%TAC2 和 5wt.%ATC3 产物（含 Ti_3AlC_2）后的燃烧反应结果的 XRD 谱图，结合表 3-4 中相应的 F 值可知，由于晶种 Ti_3AlC_2 的加入，F 的绝对值比相应只加 TiC 体系增大约 0.5，即 Ti_3AlC_2 的生成量增加。该结果说明，加入的 Ti_3AlC_2 在燃烧合成反应体系中是形成 Ti_3AlC_2 层状结构的晶种。

四、燃烧合成的 Ti_3AlC_2 显微结构形貌

图 3-16 是燃烧产物的 SEM 形貌图。从图 3-16(a) 可以看出，TAC0 主要是颗粒晶体状的 TiC，基本观察不到 Ti_3AlC_2 的层状物质；而在原始反应物中加入 TiC，得到的主要是层状物质，结合 XRD、EDS 分析，层状物质主要为 Ti_3AlC_2，见图 3-16(b)；图 3-16(c) 和 3-16(d) 分别为再加入 10wt.%TAC2 和 5wt.%TAC3 后的产物，其显微结构与仅加 TiC 的一致。

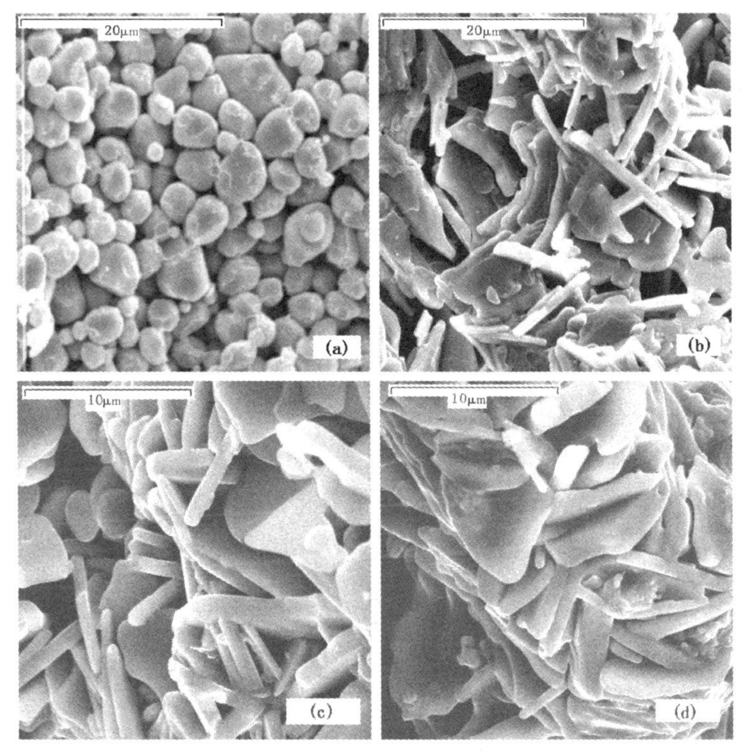

(a) TAC0；(b) TAC3；(c) TAC2-10；(d) TAC3-5

图 3-16　燃烧合成产物显微结构照片

五、小结

(1) Ti、Al 和 C 元素粉末按 Ti_3AlC_2 化学式计量比组成的 Ti-Al-C 燃烧合成反应体系，只能得到 TiC，而加入 TiC 后，燃烧反应主要产物为 Ti_3AlC_2，仅有少量的 TiC，Ti_3AlC_2 量随 TiC（0wt.％～35wt.％）的增加而增多。

(2) Ti-Al-C 体系燃烧反应温度越低，生成的 Ti_3AlC_2 量越多。

(3) TiC 是 Ti-Al-C 燃烧反应生成 Ti_3AlC_2 的中间物质。

(4) 在 Ti-Al-C 体系中加入晶种 Ti_3AlC_2，有利于 Ti_3AlC_2 的生成。

第七节　TiC 对 Ti∶Al∶C＝2∶2∶1 系燃烧产物的影响

Ti-Al-C 系的燃烧合成研究表明，利用燃烧合成技术可以得到三元碳化合物 Ti_3AlC_2、Ti_3AlC 和 Ti_2AlC。本章第五节对由单质粉末组成的不同 Ti∶Al∶C 物质的量配比的燃烧合成的研究表明，当 Ti∶Al∶C＝2∶2∶1 时，燃烧产物的主晶相是 Ti_3AlC_2。Ti∶Al∶C＝3∶1∶2 的燃烧产物主要为 TiC，但添加 TiC 后，燃烧产物的主晶相为 Ti_3AlC_2。本节研究了以 Ti、Al 和炭黑单质粉末为原料，保持 Ti∶Al∶C＝2∶2∶1（物质的量之比）的情况下，添加 TiC 对燃烧合成产物的影响，为进一步从热力学角度探讨燃烧合成 Ti_3AlC_2 的机理提供依据。

一、实验方法

实验原材料为 Ti 粉、Al 粉、炭黑以及采用燃烧合成法自制的 TiC 粉末，按 Ti∶Al∶C＝2∶2∶1（物质的量之比）的原料配比配料，在保持配比的情况下，分别添加 10wt.％、20wt.％、25wt.％和 30wt.％的 TiC，以无水乙醇为介质在行星式球磨机上球磨 8h，干燥后将混合料冷压成约 50％理论密度的 ϕ30mm×45mm 试样，在氩气保护下以通电钨丝圈点燃反应物。采用 W/3％Re－W/25％Re 热电偶和计算机数据采集系统相连结记录燃烧反应温度，XRD 分析产物相组成，SEM 观察样品显微结构形貌。

二、添加 TiC 对 Ti∶Al∶C＝2∶2∶1 系燃烧合成产物物相组成的影响

图 3-17 是加入不同量 TiC 后 Ti∶Al∶C＝2∶2∶1 系燃烧反应产物的 XRD 分析结果。图 3-17(a) 是未添加 TiC 燃烧产物的 XRD 结果，其主晶相为 Ti_3AlC_2，同时还有较多的 TiC 和单质 Al 以及少量的 Al_3Ti，燃烧产物中出现 Al 和 Al_3Ti 衍射峰是由于原料配比相对 Ti_3AlC_2 化学计量比而言，Ti 和 Al 过量引起；图 3-17(b)～3-17(d) 分别为添加 10wt.％、20wt.％和 25wt.％TiC 后燃烧合成产物的 XRD 结果，燃烧产物的主晶相都为 Ti_3AlC_2。与图 3-17(a) 相比，图 3-17(b) 的 Ti_3AlC_2 衍射峰强度增大，TiC 的衍射峰强度减小，但图 3-17(c) 和 3-17(d) Ti_3AlC_2 衍射峰强度减小，TiC 的衍射峰强度增大。金属间化合物 Al_3Ti 的衍射峰强度随着添加 TiC 含量的增加逐渐增强，而单质 Al 的衍射峰强度逐渐减弱。

采用无重叠衍射峰的 Ti_3AlC_2（002）晶面的衍射强度与 TiC（111）晶面的衍射强度之比 F 值，定性表示 Ti-Al-C 体系燃烧合成产物 Ti_3AlC_2 的相对生成量。图 3-18 为不同 TiC 添加量与 Ti_3AlC_2 相对生成量（F 值）的关系，从图可见，起初 F 值随着添加 TiC 量（0wt.％～10wt.％）的增多逐渐增大，当添加的 TiC 含量≥20wt.％时，F 值比未添加 TiC 的值略有减小。

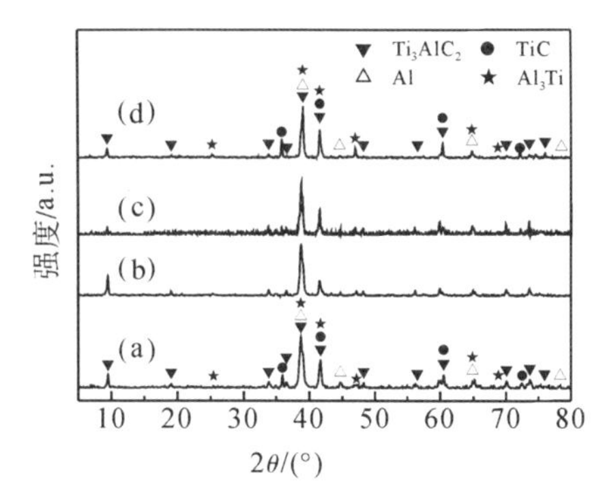

TiC 的添加量：(a) 0wt. %；(b) 10wt. %；(c) 20wt. %；(d) 25wt. %

图 3-17　Ti-Al-C 体系中添加 TiC（wt. %）燃烧合成产物的 XRD 谱图（CuK_α）

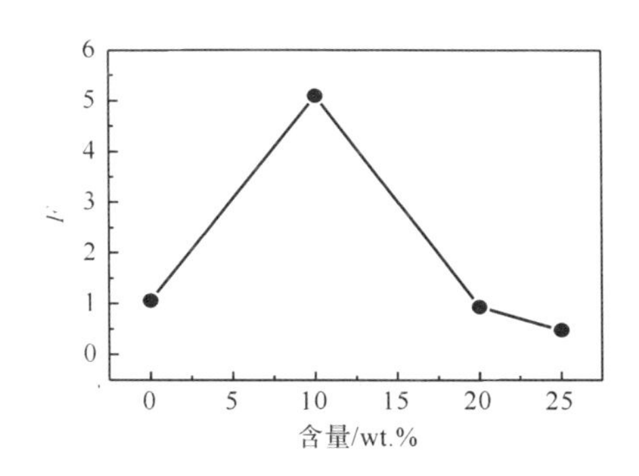

$F=I$（Ti_3AlC_2，002）/I（TiC，111）

图 3-18　TiC 对燃烧合成 Ti_3AlC_2 量的关系

三、燃烧反应温度对 Ti：Al：C=2：2：1 系燃烧合成产物物相组成的影响

影响燃烧合成平衡产物的主要因素是反应原料的配比和体系的燃烧反应温度，而原料配比固定时，燃烧温度对产物物相组成的影响则是主要因素。已有研究表明，TiC 是燃烧合成 Ti_3AlC_2 的中间物质，在 Ti-Al-C 系中添加 TiC 能较大程度增加 Ti_3AlC_2 的生成量，而燃烧产物中 TiC 的含量很少。本实验中添加 10wt. %TiC 得到的结果与文献一致，但当添加 TiC 含量大于 10wt. %时，燃烧产物中 Ti_3AlC_2 的含量减少。图 3-19 为添加 TiC 的含量与燃烧反应温度的关系：随 TiC 含量的增加，燃烧反应温度逐渐降低，当添加 TiC 量为30wt. %时，燃烧反应体系不能点燃，可见 TiC 具有反应物和稀释剂的双重作用。Tzenov 等的研究表明，Ti_3AlC_2 的分解温度约为 1450℃。所以燃烧温度高，Ti_3AlC_2 的分解率就大，不利于燃烧合成 Ti_3AlC_2；燃烧温度接近 1450℃的体系，其燃烧生成 Ti_3AlC_2 的量多。但结合图 3-18 和图 3-19 可知，添加的 TiC 含量使燃烧反应温度降低到一定程度时，不利于 Ti_3AlC_2 的生成。从图 3-20 可

见，体系温度下降很快，说明燃烧合成反应是瞬间完成的。对于未添加 TiC 的体系，燃烧反应温度为 1754.8℃，在体系温度迅速下降后，出现了一个平台，说明在此区间有放热反应发生，对应的温度约 1450℃，应为部分Ti_3AlC_2等从熔融体中析出的放热反应。而添加 10wt.%TiC 的体系，温度随时间基本均匀下降，表明在最高燃烧反应温度后，反应已完成。当添加 20wt.%TiC 时，体系的燃烧温度 1520℃与添加 10wt.%TiC 的燃烧温度 1613℃相比，降低 100℃左右，加之体系温度的迅速下降，所以从动力学的观点看，Ti_3AlC_2从熔融体中析出的难度增大，产物中 TiC 的含量相应增多。因此从燃烧反应温度看，Ti∶Al∶C＝2∶2∶1 系燃烧合成 Ti_3AlC_2的燃烧反应温度范围为 1600～1750℃。

金属间化合物 Al_3Ti 直接参与生成 Ti_3AlC_2的反应，也是生成 Ti_3AlC_2反应的关键中间物质。但 Al_3Ti 只有低于 700℃时才能生成，高于 900℃时 Al_3Ti 与 C 反应会生成 TiC，所以在添加 TiC 的各产物中，Al_3Ti 的含量随燃烧温度降低而逐渐增多，因 Al 生成 Al_3Ti，Al 的含量则逐渐减少，见图 3-17。

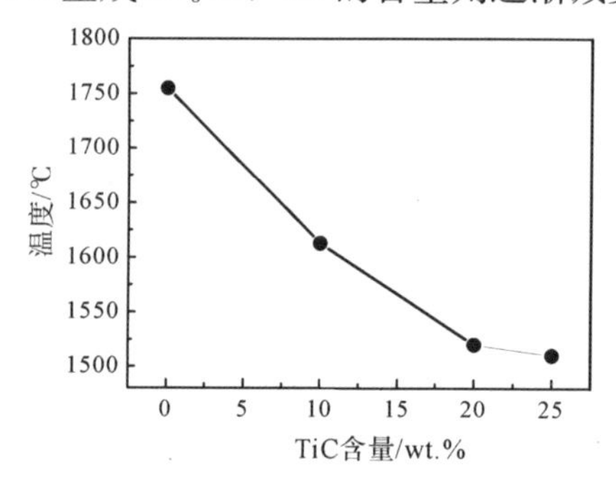

图 3-19　TiC 含量与燃烧反应温度的关系

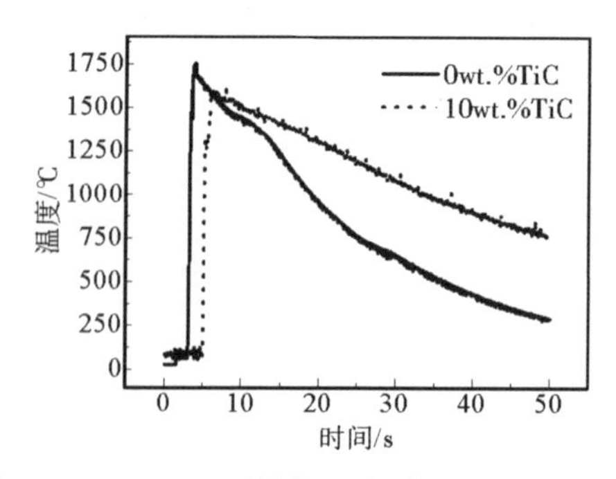

图 3-20　Ti-Al-C 系燃烧温度随时间变化的关系

四、燃烧合成产物的显微结构形貌

图 3-21 是燃烧产物的 SEM 形貌图。从图可见，燃烧产物基本为层状显微

结构。图 3-21(a) 为未添加 TiC 的情况，产物主要为层状，在层状间可观察到少量颗粒状物，结合 XRD 分析结果可以确定层状物主要为 Ti_3AlC_2，颗粒状为 TiC；图 3-21(b)～3-21(d) 分别为添加 10wt.%、20wt.%和 25wt.%TiC 时燃烧产物的显微结构形貌图，产物显微结构均主要为层状 Ti_3AlC_2。图3-21(b) 层状形貌较好，颗粒 TiC 也较少，图 3-21(c) 和 3-21(d) 层状形貌发育较差，颗粒 TiC 较多。SEM 观察结果与 XRD 分析结果一致。

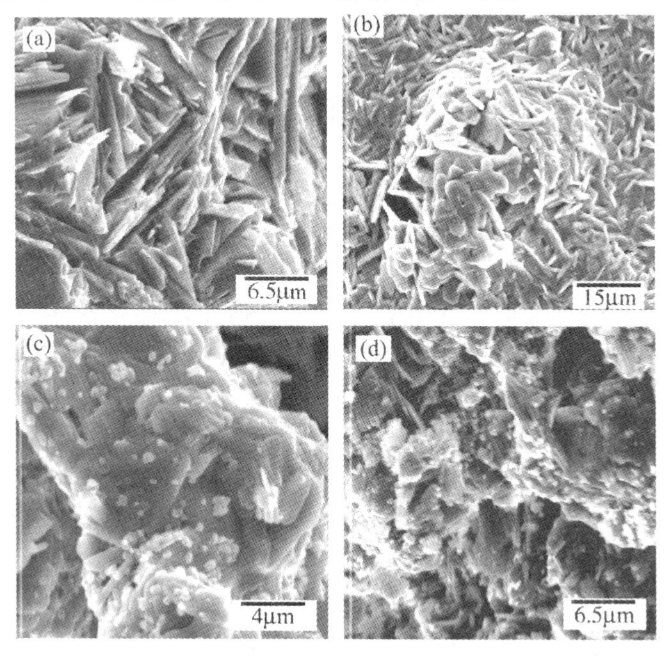

TiC 添加量：(a) 0wt.%；(b) 10wt.%；(c) 20wt.%；(d) 25wt.%

图 3-21　Ti-Al-C 系中添加 TiC 燃烧合成产物显微结构照片

五、小结

(1) 在 Ti∶Al∶C=2∶2∶1 体系中，添加 TiC≤10wt.%时，燃烧产物中 Ti_3AlC_2 的含量与未添加 TiC 的相比，有大幅度增加；添加 TiC≥20wt.%时，燃烧产物中 Ti_3AlC_2 的含量略有减少，而 TiC 的含量增多。

(2) Ti∶Al∶C=2∶2∶1 系燃烧合成 Ti_3AlC_2 的燃烧反应温度范围为 1600～1750℃。

第八节　TiAl 对燃烧合成 Ti_3AlC_2 粉体的影响

本节研究在 Ti-Al-C 体系中，添加金属间化合物 TiAl 对燃烧合成 Ti_3AlC_2 的影响。

一、实验方法

实验原材料为 Ti 粉、Al 粉、炭黑（99.5%，325 目）以及采用燃烧合成法自制的金属间化合物 TiAl 粉末，按 Ti_3AlC_2 化学计量比配料，以无水乙醇为介质在行星式球磨机上球磨 8h，干燥后将混合料冷压成约 50% 理论密度的 ϕ30mm×45mm 试样，在氩气保护下以通电钨丝圈点燃反应物。采用 W/3%Re-W/25%Re 热电偶和计算机数据采集系统相连结记录燃烧反应温度，XRD 分析产物相组成，SEM 观察样品显微结构形貌。

二、TiAl 对燃烧合成 Ti_3AlC_2 相组成的影响

图 3-22 是加入不同量金属间化合物 TiAl 后燃烧反应产物的 XRD 分析结果。图 3-22(a) 的 XRD 分析结果表明，燃烧产物物相主要为 TiC，而 Ti_3AlC_2 很少，同时也出现了很弱的单质 Al 峰，说明以 Ti、Al 和 C 单质粉末为原料，按 Ti_3AlC_2 化学计量比配料，利用燃烧合成技术只能得到少量 Ti_3AlC_2 相物质。图 3-22(b)～3-22(d) 燃烧反应产物主晶相都为 Ti_3AlC_2，而 TiC 的量均很少。从图 3-22 可以看出，不管加入的 TiAl 量多或量少，在各燃烧反应产物中 Ti_3AlC_2 的含量均远多于未加 TiAl 的情况，且 Ti_3AlC_2 的含量随添加 TiAl 量的增加而显著增多，但 TiC 的含量却减少。说明加入 TiAl 有利于合成 Ti_3AlC_2。

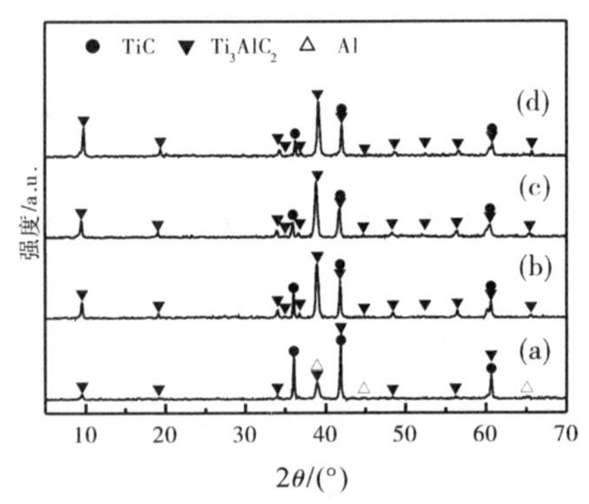

TiAl 添加量：(a) 0wt.%；(b) 20wt.%；(c) 30wt.%；(d) 35wt.%

图 3-22　Ti-Al-C 体系燃烧合成产物的 XRD 谱图

为定性表示各燃烧产物中生成 Ti_3AlC_2 的相对含量，采用无重叠衍射峰的 Ti_3AlC_2（002）晶面的衍射峰强度与 TiC（111）晶面的衍射峰强度之比 F 表示。图 3-23 是不同 TiAl 量（0wt.%～35wt.%）与 Ti_3AlC_2 生成量（F 值）的关系，从图可以看出，TiAl～F 呈正相关。说明加入不同 TiAl 的量，直接影响 Ti_3AlC_2 的生成，在一定程度上证明，金属间化合物 Ti-Al 的确直接参与生成 Ti_3AlC_2 的反应，应是生成 Ti_3AlC_2 反应的关键中间物质。本实验结果与

Tomoshige 等对与 Ti_3AlC_2 类似的 Ti_2AlC 生成机理的解释相吻合。

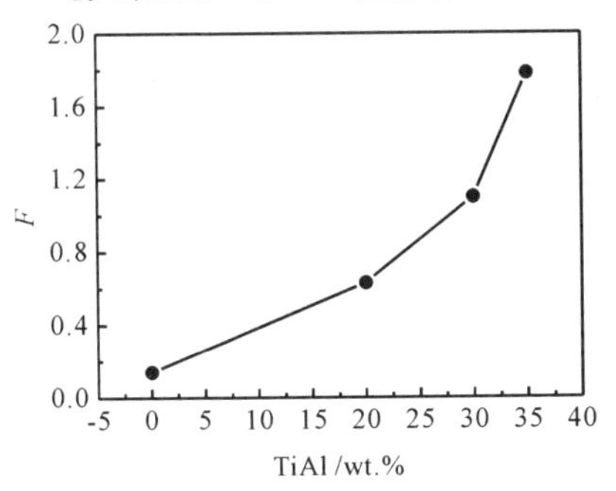

$F=I$（Ti_3AlC_2，002）/I（TiC，111）

图 3-23　TiAl 含量与燃烧合成 Ti_3AlC_2 量（F）的关系

Ti_3AlC_2 生成量随 TiAl 的变化规律可以从热力学和动力学两方面解释。

第一，从热力学因素方面考虑：图 3-24 是反映加入不同 TiAl 量与燃烧反应温度（T/℃）的关系。从图中可以看出，燃烧反应体系的温度随着 TiAl 添加量的增加而逐渐降低。在实验中也观察到燃烧反应的剧烈程度随 TiAl 添加量的增加而减缓。对于 Ti-Al-C 燃烧体系而言，添加的 TiAl 起到稀释剂的作用，所以 TiAl 添加量越多，燃烧反应温度就越低；另一方面，添加的 TiAl 是直接参加反应生成 Ti_3AlC_2 的中间反应物，而由单质 Ti 和 Al 反应生成 TiAl 的反应是放热反应，所以直接添加 TiAl 减少了反应体系的放热量，也使反应温度降低。例如，未添加 TiAl 的反应温度高达 2003.7℃，添加 35wt.%TiAl 的反应温度为 1885.0℃。图 3-25 表示的是体系燃烧反应温度与 Ti_3AlC_2 量（F 值）的关系，可以看出，Ti_3AlC_2 的生成量（F 值）与反应温度几乎成线性关系，即 F 值随反应温度降低几乎直线上升，与加入 TiAl 量的变化情况基本一致。

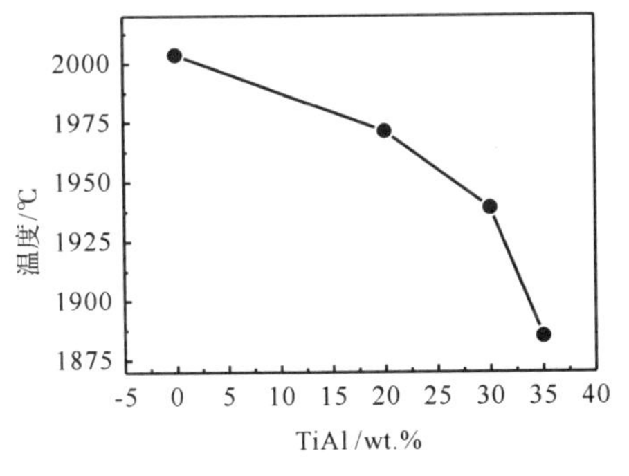

图 3-24　TiAl 含量与燃烧反应温度的关系

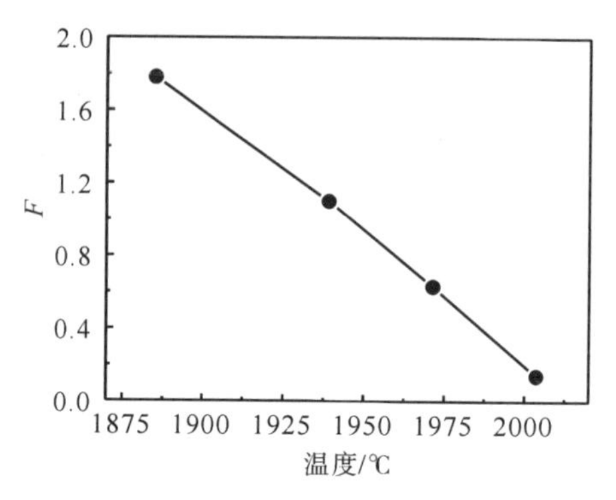

图 3-25　燃烧反应温度（℃）与 F 值的关系

在 Binnewies 等编的《Thermochemical Data of Elements and Compounds》热力学数据手册和与 Ti_3AlC_2 相关的所有国内外文献中，只有 Pietzka 等对 Ti_3AlC_2 Gibbs 生成自由能的估计值：ΔG^{θ}（1300℃）$=-68.7\sim-63.2\ kJ\cdot mol^{-1}$。$\Delta G^{\theta}$ 负值的绝对值较大，对于固相或固－液反应体系来说，元素粉末反应生成 Ti_3AlC_2 的过程是熵减小的过程（$\Delta S<0$），即 $-T\Delta S>0$。据热力学公式 $\Delta G=\Delta H-T\Delta S$ 可知，生成 Ti_3AlC_2 的反应是放热反应（$\Delta H<0$）。因此，随体系反应温度升高，ΔG 将逐渐减小，即生成 Ti_3AlC_2 的趋势将逐渐减小。

由于 Ti_3AlC_2 的分解温度为 1450℃，所以随 TiAl 量的增加，燃烧反应体系温度将逐渐降低，导致 Ti_3AlC_2 分解率的减小，有利于 Ti_3AlC_2 的生成，同时 TiC 的生成量减少；对于未添加 TiAl 的情况来说，由于其燃烧反应温度很高，生成的 Ti_3AlC_2 大部分已分解，因此产物中 Ti_3AlC_2 的含量很少，而 TiC 的含量很多。

第二，从动力学因素方面考虑：TiAl 是生成 Ti_3AlC_2 的燃烧反应的关键中间物质，它直接参加了生成 Ti_3AlC_2 的反应。未添加 TiAl 的 Ti-Al-C 燃烧反应体系，Ti 和 Al 之间需要通过燃烧反应合成 TiAl 后，才能生成 Ti_3AlC_2，而添加 TiAl 的反应体系中有较多的 TiAl，只要达到反应生成温度就可以直接反应生成 Ti_3AlC_2，据化学动力学原理可知，TiAl 的浓度越大，反应生成 Ti_3AlC_2 的速度就越快，生成 Ti_3AlC_2 的量越多。

三、TiAl 对燃烧合成 Ti_3AlC_2 显微结构的影响

图 3-26 是燃烧产物的 SEM 形貌图。图 3-26(a) 是未添加 TiAl 的燃烧合成产物的显微结构形貌图，图中主要是颗粒状的 TiC，基本观察不到层状的 Ti_3AlC_2；图 3-26(b)～3-26(d) 是在燃烧反应物原料中分别添加 20wt.％、30wt.％和 35wt.％TiAl 时，燃烧产物的显微结构形貌图：图 3-26(b) 主要为层状物，同时在层状物间还有较多与图 3-26(a) 相同大小的颗粒状物，结合 XRD 分析结果可知，颗粒状物很少，即产物中 Ti_3AlC_2 很多，而 TiC 很少；

从图 3-26(d) 的显微结构形貌图可看出，添加 35wt. %TiAl 的燃烧合成产物为发育很好的层状物质，颗粒状的 TiC 已很少。燃烧产物的显微结构形貌规律与 XRD 结果相一致。

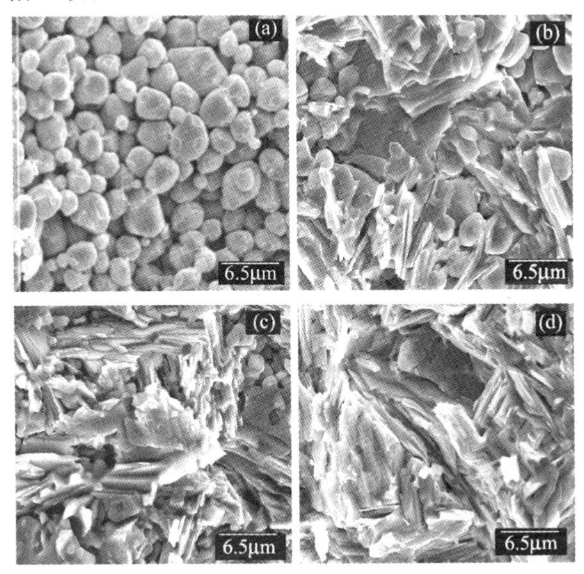

TiAl 添加量：(a) 0wt. %；(b) 20wt. %；(c) 30wt. %；(d) 35wt. %

图 3-26 燃烧合成产物显微结构照片

四、小结

(1) 以单质粉末 Ti、Al 和炭黑为原料，按 Ti_3AlC_2 化学计量比配料，燃烧产物主要物相是 TiC，只能得到少量 Ti_3AlC_2 相。

(2) 在 Ti∶Al∶C=3∶1∶2 体系中，添加 TiAl 后，对燃烧合成 Ti_3AlC_2 的相组成影响很大，Ti_3AlC_2 的含量随 TiAl 的增加而增多，成为燃烧产物的主要物相，而 TiC 的含量则逐渐减少。

(3) TiAl 是 Ti-Al-C 燃烧反应生成 Ti_3AlC_2 的中间物质。

第九节 $TiAl_3$ 对燃烧合成 Ti_3AlC_2 粉体的影响

本节研究在 Ti-Al-C 体系中，添加金属间化合物 $TiAl_3$ 对燃烧合成 Ti_3AlC_2 的影响，并从热力学和动力学的角度探讨了 $TiAl_3$ 对燃烧合成 Ti_3AlC_2 的影响机理。

一、实验方法

实验原材料为 Ti 粉、Al 粉、炭黑以及采用燃烧合成法自制的金属间化合

物 $TiAl_3$粉末，按 Ti_3AlC_2化学计量比配料，在保持其化学计量比不变的前提下，分别添加 0wt. %、15wt. %、20wt. %和 23. 5wt. %的 $TiAl_3$，以无水乙醇为介质在行星式球磨机上球磨 8h，干燥后，将混合料冷压成约达 50%理论密度的 ϕ30mm×45mm 试样，在氩气保护下以通电钨丝圈点燃反应物，同时采用 W/3%Re－W/25%Re 热电偶和计算机数据采集系统记录燃烧反应温度。XRD 分析燃烧产物相组成（CuKα），SEM 观察产物显微结构形貌。

二、$TiAl_3$对燃烧合成 Ti_3AlC_2相组成的影响

图 3-27 为在保持 Ti_3AlC_2化学计量比的前提下，加入不同量金属间化合物 $TiAl_3$后燃烧反应产物的 XRD 图。图 3-27(a) 表明，燃烧产物主要物相为 TiC，而 Ti_3AlC_2很少，同时也出现了很弱的单质 Al 峰，说明以 Ti、Al 和 C 单质粉末为原料，按 Ti_3AlC_2化学计量比配料，利用燃烧合成方法只能得到少量 Ti_3AlC_2相。图 3-27(b)～3-27(d) 燃烧反应产物主相都为 Ti_3AlC_2，TiC 的量逐步减少。当反应物体系中 Al 含量全部以 $TiAl_3$的形式添加时，见图 3-27(d)，虽然燃烧产物中 Ti_3AlC_2的含量最多，但燃烧产物中仍有一定数量的 TiC，说明在反应物中仅添加 $TiAl_3$只能较大程度地提高燃烧产物中 Ti_3AlC_2的含量，不能得到单相 Ti_3AlC_2产物。

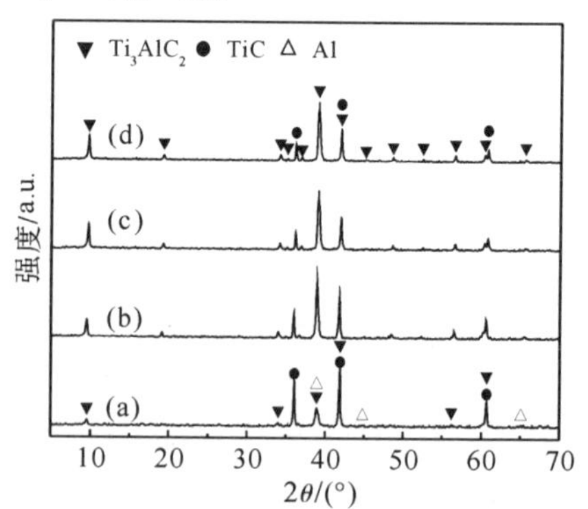

$TiAl_3$ 添加量：(a) 0wt. %；(b) 15wt. %；(c) 20wt. %；(d) 23. 5wt. %

图 3-27　Ti-Al-C 体系中添加 $TiAl_3$燃烧合成产物的 XRD 谱图

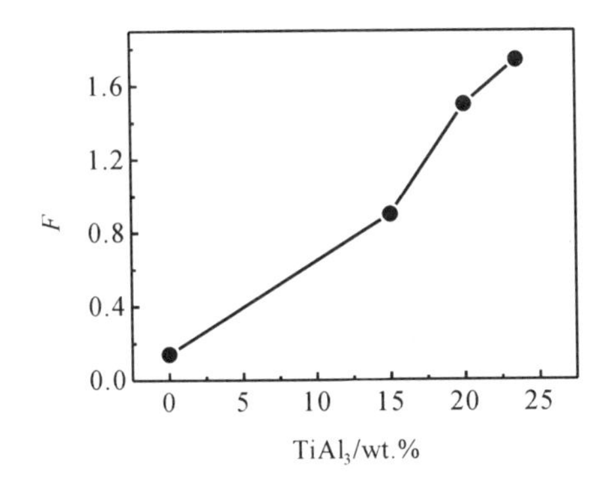

$F = I(Ti_3AlC_2, 002)/I(TiC, 111)$

图 3-28　$TiAl_3$ 相对含量与燃烧合成 Ti_3AlC_2 量的关系

采用无重叠的 Ti_3AlC_2 002 衍射峰强度与 TiC 111 衍射峰强度之比 F 表示燃烧产物中生成 Ti_3AlC_2 的相对含量。图 3-28 是添加不同 $TiAl_3$ 量与 Ti_3AlC_2 生成量的关系，从图可看出，金属间化合物 $TiAl_3$ 直接参与生成 Ti_3AlC_2 的反应，是生成 Ti_3AlC_2 反应的关键中间物质。Wang 等研究表明，$TiAl_3$ 只有低于 700℃时才能生成，高于 900℃时 $TiAl_3$ 与 C 反应还会生成 TiC，所以在产物中无 $TiAl_3$。Ti 与 C 反应生成 TiC 放出的热量是维持 Ti-Al-C 体系燃烧的主要原因，TiC 是燃烧合成 Ti_3AlC_2 的中间物质，即产物中常有 TiC。燃烧合成 Ti_3AlC_2 的机制为：在 Ti-Al-C 燃烧反应体系中，首先生成 TiC 和金属间化合物 Ti-Al，然后 TiC 溶于熔融的 Ti-Al 中，最后从熔融体中析出 Ti_3AlC_2：

$$Ti + Al \rightarrow Ti\text{-}Al\ melt \text{ 和 } Ti + C \rightarrow TiC$$

$$TiC + Ti\text{-}Al\ melt \rightarrow Ti_3AlC_2$$

Ti_3AlC_2 的生成机理与 Tomoshige 等对燃烧合成 Ti_2AlC 机理的解释一致。

Ti_3AlC_2 生成量随 $TiAl_3$ 的变化规律可以从两方面解释。

从热力学因素考虑：对于 Ti-Al-C 燃烧体系，添加的 $TiAl_3$ 具有稀释剂和反应物的双重作用，所以 $TiAl_3$ 添加量越多，燃烧反应温度就越低，测量结果如图 3-29 所示。图 3-30 表示的是体系燃烧温度与 Ti_3AlC_2 相对生成量（F 值）的关系，可以看出，F 值随反应温度的升高而逐渐降低。由于 Ti_3AlC_2 的分解温度为 1450℃，所以燃烧温度越接近此分解温度，Ti_3AlC_2 的分解率越小。随着添加 $TiAl_3$ 量的增多，燃烧反应温度逐渐降低，因此 Ti_3AlC_2 的分解率将逐渐减小，即生成的 Ti_3AlC_2 量多，同时 TiC 的生成量减少。但反应物中铝含量全部以 $TiAl_3$ 形式添加时，测得燃烧温度为 1960. 9℃，仍比 Ti_3AlC_2 的分解温度高得多，所以此时在产物中会有一定量的 TiC。对于未添加 $TiAl_3$ 的情况来说，由于其燃烧反应温度很高，为 2003. 7℃，生成的 Ti_3AlC_2 大部分已分解，所以产物中 Ti_3AlC_2 的含量很少，而 TiC 的含量很多。

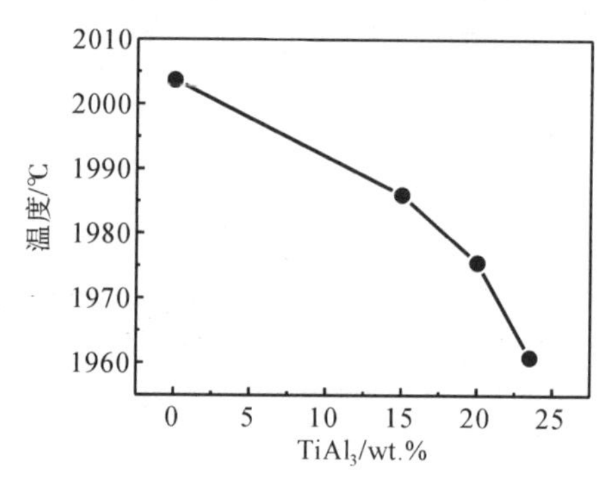

图 3-29　测量的燃烧反应温度与 $TiAl_3$ 含量的关系

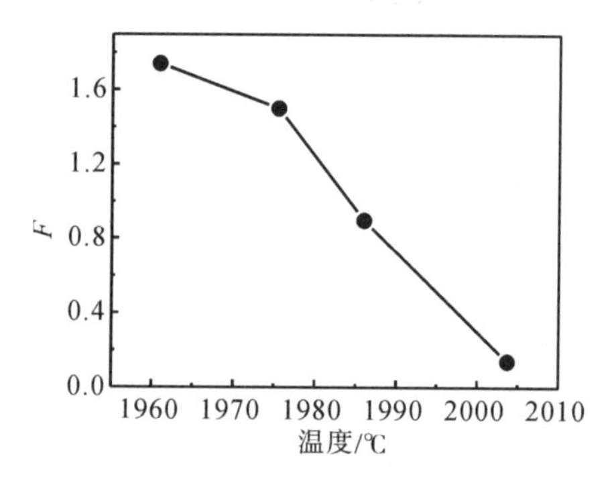

$F=I$（Ti_3AlC_2，002）/I（TiC，111）

图 3-30　Ti_3AlC_2 相对生成量与燃烧反应温度的关系

从动力学因素考虑：据化学动力学原理可知，反应温度越高，反应速率越大；反应物浓度越大，反应速率也越大。金属间化合物 Ti-Al 是生成 Ti_3AlC_2 的燃烧反应的关键中间物质，它直接参加了生成 Ti_3AlC_2 的反应。未添加 $TiAl_3$ 的 Ti-Al-C 燃烧反应体系，Ti 和 Al 之间需要通过燃烧反应合成 Ti-Al 后，才能生成 Ti_3AlC_2。此外，由于其燃烧反应温度（2003.7℃）很高，$TiAl_3$ 难以生成，即 Ti_3AlC_2 的量少，而 TiC 成为主要产物；但当加入 $TiAl_3$ 时，只要达到反应生成温度就可以直接反应生成 Ti_3AlC_2，且 $TiAl_3$ 的浓度越大，反应生成 Ti_3AlC_2 的速度就越快，生成 Ti_3AlC_2 的量越多。

三、$TiAl_3$ 对燃烧合成 Ti_3AlC_2 显微结构的影响

图 3-31(a) 是未添加 $TiAl_3$ 的燃烧合成产物的 SEM 形貌图，图中主要是颗粒状的 TiC，基本观察不到层状结构的 Ti_3AlC_2；图 3-31(b) 是加入 15wt.%$TiAl_3$ 的 SEM 图，显示主要为层状物，同时在层状物间还有较多与图 3-31(a) 相同大小的颗粒状物，结合 XRD 分析结果，层状物质是 Ti_3AlC_2，颗粒状物为 TiC；图 3-31(c)（加入 20wt.%$TiAl_3$）中层状物 Ti_3AlC_2 更多，颗粒状 TiC 很少；图 3-31(d)（加入 23.5wt.%$TiAl_3$）中的燃烧合成产物形貌为

晶型较好的 Ti_3AlC_2，颗粒状的 TiC 很少。各燃烧产物的显微结构形貌图与 XRD 分析结果一致。

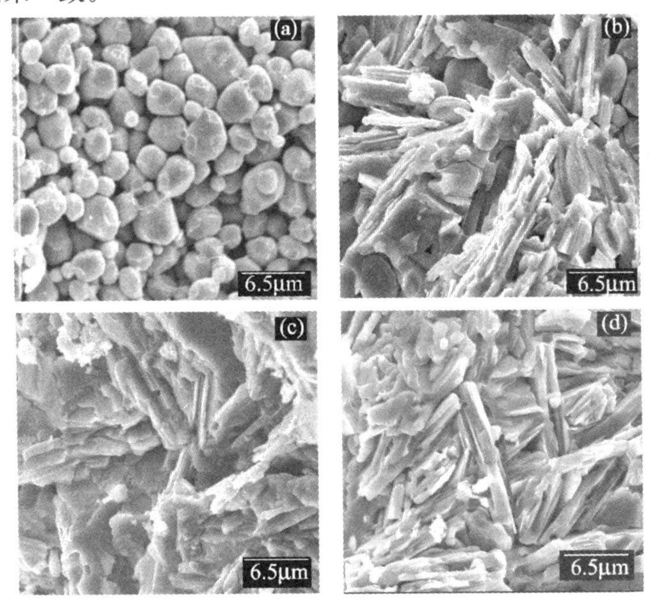

$TiAl_3$添加量：(a) 0wt. %；(b) 15wt. %；(c) 20wt. %；(d) 23.5wt. %

图 3-31　燃烧合成产物显微结构照片

四、小结

(1) 以单质粉末 Ti、Al 和炭黑为原料，按 Ti_3AlC_2化学计量比配料，燃烧产物主要物相是 TiC，只能得到少量 Ti_3AlC_2 相，但在保持原料配比不变的情况下，在反应物原料中添加金属间化合物 $TiAl_3$ 后，燃烧合成产物的主相为 Ti_3AlC_2。

(2) 燃烧产物中 Ti_3AlC_2的含量随添加 $TiAl_3$ 量的增加而增多，TiC 的含量则减少；Ti-Al-C 体系燃烧反应温度越低，生成的 Ti_3AlC_2 量越多。

第十节　不同 Al 含量对 Ti-Al-C 系燃烧合成 Ti_3AlC_2 粉体的影响

本节中，研究在 Ti-Al-C 体系中添加适量 TiC 后，改变 Al 含量对燃烧合成 Ti_3AlC_2 的影响，从反应物原料角度探讨了 Al 含量对燃烧合成 Ti_3AlC_2 的影响机理。

一、实验方法

实验原材料为 Ti 粉、Al 粉、炭黑和燃烧合成自制 TiC 粉。在 Ti-Al-C 体系中 Ti∶C 比按 Ti_3AlC_2 化学计量比为 3∶2（物质的量之比），添加适量 TiC 后，通过改变 Al 含量（0.7mol，1.0mol，1.1mol，1.2mol，1.3mol 和 1.7mol）进行配料，以无水乙醇为介质在行星式球磨机上将原料球磨混匀 8h，干燥后，将混合料冷压成约达 50%理论密度的 ϕ30mm×45mm 试样，在氩气保护下以通电钨丝圈点燃反应物，同时采用 W/3%Re－W/25%Re 热电偶和计算机数据采集系统相连结记录燃烧反应温度。XRD（CuKα）分析燃烧产物相组成，SEM 观察产物显微结构形貌。

二、Al 含量对燃烧合成 Ti_3AlC_2 粉体相组成的影响

图 3-32 是在 Ti-Al-C 体系固定 Ti∶C＝3∶2（物质的量之比），改变 Al 含量（12.3at.%～25.4at.%）时所得燃烧产物的 XRD 图谱。XRD 分析结果表明，在所改变的 Al 含量范围内，燃烧合成产物中始终有 Ti_3AlC_2 和 TiC 相。图 3-32(a)是 Al 为 0.7mol，即 12.3at.%时，燃烧产物的 XRD 分析结果，燃烧产物的主要物相是 TiC，Ti_3AlC_2 的衍射峰非常弱，此外，由于 Ti 过量，还出现了弱的 Ti 衍射峰；图 3-32(b)～3-32(e) 分别是 Al 为 1.0mol、1.1mol、1.2mol 和 1.3mol 时的燃烧产物的 XRD 分析结果：只出现 Ti_3AlC_2 和 TiC 的衍射峰，燃烧产物的主要物相是 Ti_3AlC_2；图 3-32(f) 是 Al 为 1.7mol 时的燃烧产物的 XRD 分析结果，燃烧产物的主要物相也是 Ti_3AlC_2，TiC 的衍射峰较弱，由于原料物质的量配比中 Al 相对过量，所以出现了 Al 的衍射峰，此外，还出现另一种三元碳化合物 Ti_3AlC 的衍射峰，但峰强度极弱。例如，其理论相对衍射峰强度为 100%的（111）晶面（2θ＝37.6°）的衍射峰强度只有 2.0%，且与相对强度 12%的 Ti_3AlC_2（103）晶面的衍射峰重叠，而其理论相对衍射峰强度 90%的（200）晶面（2θ＝43.7°）衍射峰强度为 3.5%。

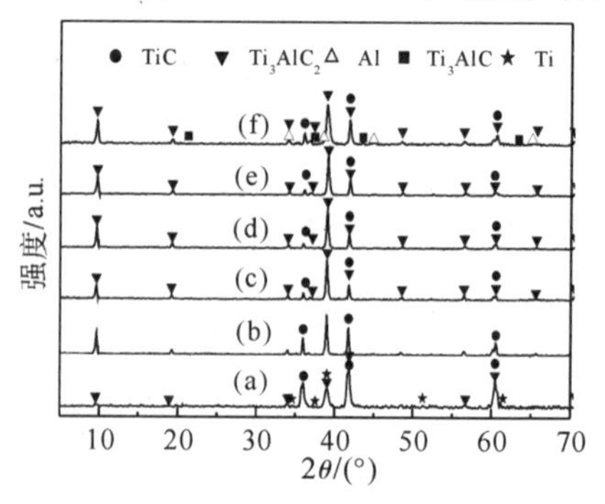

体系中 Al 的物质的量：(a) 0.7mol；(b) 1.0mol；(c) 1.1mol；(d) 1.2mol；(e) 1.3mol；(f) 1.7mol

图 3-32　不同 Al 含量（mol）的 Ti-Al-C 体系燃烧产物的 XRD 图谱

从图 3-32 可知，除图 3-32(a) 的燃烧产物主要物相为 TiC 外，其他各配

比的燃烧产物主要物相是 Ti_3AlC_2，即 Ti/C＝3∶2，Al 含量在 1.0mol 或以上时，燃烧产物以 Ti_3AlC_2 为主晶相。在 Ti-Al-C 体系中，随 Al 含量的增加，Ti_3AlC_2 和 TiC 衍射峰均有变化，例如，无重叠的 Ti_3AlC_2（002）晶面（2θ＝9.5°）和 TiC（111）晶面（2θ＝35.9°）衍射峰。Ti_3AlC_2 的衍射峰随 Al 含量增加而增强，但 Al 含量在 18.0at.%（即 1.1mol）以上时，Ti_3AlC_2 衍射峰强度变化不大；而 TiC 的（111）晶面衍射峰强度随 Al 含量变化的情况，随 Al 含量的增加，TiC 衍射峰强度逐渐减弱，随后又增强，与 Ti_3AlC_2（002）晶面衍射峰强度的变化情况相反。

以无重叠衍射峰的 Ti_3AlC_2（002）晶面的衍射强度与 TiC（111）晶面的衍射强度之比（F 值）表示各燃烧产物中生成 Ti_3AlC_2 的相对量。图 3-33 是 F 值随 Al 含量变化关系的曲线（右边纵行），从图知，生成 Ti_3AlC_2 的相对量随 Al 含量的增加而逐渐增大，随后逐渐减小，其中以 Al 含量 19.4at.%，即 Ti∶Al∶C＝3∶1.2∶2 时，F 值达到峰值。说明 Ti、C 物质的量之比为3∶2，Al 含量为 1.2mol 时，生成 Ti_3AlC_2 的相对量最多。从组成上来看，Al 含量在 Ti_3AlC_2 化学计量中的 Al 原子分数及其以上（16.7%～25.4%）时，燃烧产物中 Ti_3AlC_2 的含量增加较大，成为燃烧产物的主要物相。首先，这是由于 Al 的熔点只有 660℃，沸点 2517℃，Ti 的熔点 1666℃，沸点 3358℃，炭黑的熔点则更高，为 3782℃，实验中测得燃烧反应温度均高于 1700℃，所以 Al 在燃烧合成反应中必然会因高温而部分蒸发损失。实验中也发现，如果以真空环境点燃反应物，在产物表面和装置内部附着较多白色粉末，经分析为 Al，若以氩气氛为燃烧反应环境，白色物质很少。因此，在 Ti-Al-C 体系组成原料配比中，适当过量的 Al 可以补充因燃烧反应而损失的 Al，这将有利于燃烧合成 Ti_3AlC_2，而 Al 含量不足时，生成的 Ti_3AlC_2 量就会减少。因此，原料物质的量配比中 Al 为 0.7mol 时，Ti_3AlC_2 衍射峰极弱，而 Al 含量增加至与 Ti_3AlC_2 化学计量中的 Al 含量一致或比其含量较多时，Ti_3AlC_2 成为燃烧产物的主晶相。Al 含量为 1.7mol 时，产物中出现 Ti_3AlC，可能是由于其燃烧合成温度较 Ti_3AlC_2 和 Ti_2AlC 低的原因，具体讨论见第五章第二节。第二，在 Ti-Al-C 燃烧合成体系中，Ti 和 Al 首先反应生成 Ti-Al 熔融金属间化合物，Ti-Al 再直接参与生成 Ti_3AlC_2。所以金属间化合物 Ti-Al 的生成是燃烧合成 Ti_3AlC_2 的关键之一。在 Ti-Al 二元体系中，只有 Al 含量大于 20at.%时，才形成 Ti-Al 金属间化合物，即体系中 Al 含量多，在燃烧波前沿易形成 Ti-Al。从动力学原理可知，生成 Ti-Al 的浓度大，燃烧合成 Ti_3AlC_2 的速率也大。至于在图 3-32 中未出现金属间化合物 Ti-Al 的衍射峰（如 $TiAl_3$），这是由于在 Ti-Al-C 体系中 $TiAl_3$ 只有低于 700℃时才能生成，高于 900℃时 $TiAl_3$ 与 C 反应还会生成 TiC，所以在产物中无金属间化合物 $TiAl_3$。Ti 与 C 反应生成 TiC 放出的热量是维持 Ti-Al-C 体系燃烧的主要原因，且 TiC 是燃烧合成 Ti_3AlC_2 的中间物质，即产物中常有 TiC。燃烧合成 Ti_3AlC_2 的机制为：在 Ti-Al-C 燃烧反应体系中，首先生成金属间化合物 Ti-Al 和 TiC，然后 TiC 溶于熔融的 Ti-Al 中，最后从熔融体中析出 Ti_3AlC_2：

$$Ti+Al \rightarrow Ti\text{-}Al\ melt \text{ 和 } Ti+C \rightarrow TiC$$

$$TiC+Ti\text{-}Al\ melt \rightarrow Ti_3AlC_2$$

Ti_3AlC_2 的生成机理与 Tomoshige 等对燃烧合成 Ti_2AlC 机理的解释一致。

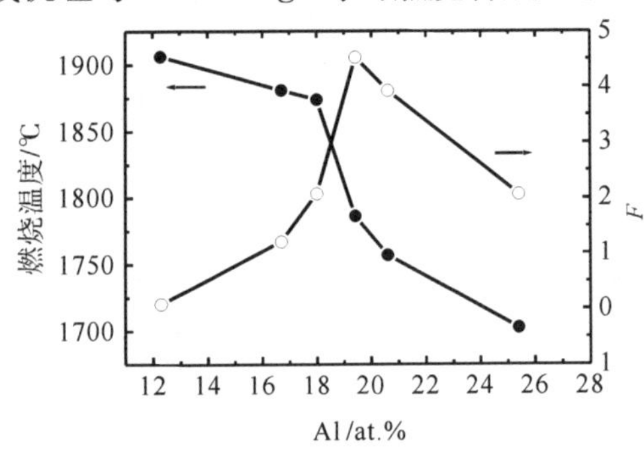

$F=I$ (Ti_3AlC_2，002) /I (TiC，111)

图 3-33　Ti-Al-C 体系中 Al 含量与燃烧反应温度和 F 值关系的曲线

图 3-34 表示不同 Al 含量时，Ti_3AlC_2 的相对生成含量（F 值）与燃烧反应温度的关系，可看出燃烧反应温度对燃烧产物的物相组成影响较大。从图 3-33可知，随着 Al 含量的增加，燃烧反应温度逐渐降低。这是由于在Ti-Al-C燃烧合成反应体系中，因 Al 熔化吸热，所以 Al 含量的增加会使燃烧反应温度降低，即燃烧温度的变化是添加不同 Al 含量所至。因此，燃烧产物各物相组成主要是由于原料组分不同所至，而不是燃烧温度的缘故。联合图 3-33和图 3-34 可看出，最大 F 值所对应的 Al 含量为 19.4at.%，即 1.2mol，燃烧温度为 1786.2℃。

综上所述，在燃烧合成 Ti_3AlC_2 的 Ti-Al-C 体系中，当 Ti∶C=3∶2 时，Al 的最佳添加量为 19.4at.%，即组成物质的量之比为 Ti∶Al∶C=3∶1.2∶2。

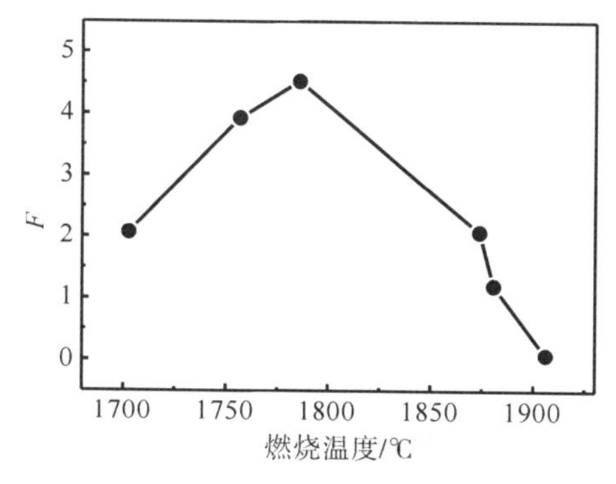

$F=I$（Ti_3AlC_2，002）/I（TiC，111）

图 3-34 燃烧反应温度与 F 值的关系

三、燃烧合成产物的微观结构形貌

图 3-35 是原料物质的量配比中 Al 含量的两种极端和最佳情况的 Ti-Al-C 体系燃烧合成产物的显微结构形貌图。即 Al 含量分别为 0.7mol、1.2mol 和 1.7mol 时的燃烧产物的显微结构形貌图：图 3-35(a) 主要是 TiC 的颗粒结构，基本看不到片状的 Ti_3AlC_2；图 3-35(b) 是 Al 为 1.2mol 时，燃烧产物的微观结构形貌，为发育良好的片状结构，基本看不到颗粒状的 TiC，由 XRD 分析结果可知，该片状结构为 Ti_3AlC_2；图 3-35(c) 也主要为 Ti_3AlC_2 片状结构，但片状的发育情况不如图 3-35(b) 好，还可看到少量的 TiC 颗粒。SEM 观察的结果与 XRD 分析结果一致。

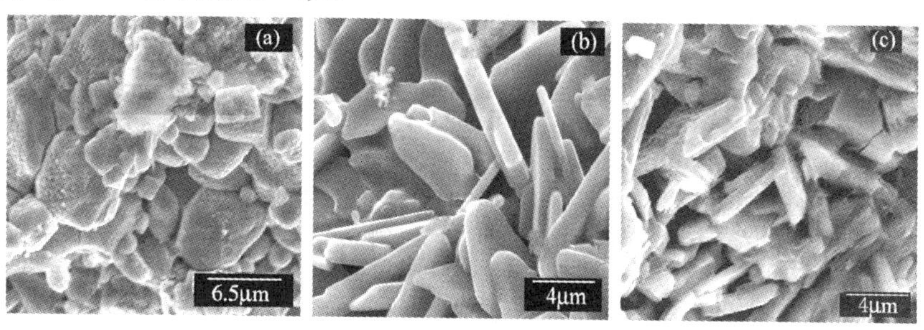

Ti∶Al∶C 物质的量之比为：(a) 3∶0.7∶2；(b) 3∶1.2∶2；(c) 3∶1.7∶2

图 3-35 燃烧合成产物显微结构照片

四、小结

(1) Al 含量对 Ti-Al-C 体系燃烧合成 Ti_3AlC_2 影响较大：当 Ti∶C 为3∶2时，燃烧产物中 Ti_3AlC_2 的含量随 Al 含量的增加而逐渐增加，Al 含量为 19.4at.%时，燃烧产物中 Ti_3AlC_2 的相对生成量达峰值，再增加 Al 含量时，Ti_3AlC_2 的相对生成量逐渐减少。

（2）当固定 Ti/C 为 3∶2，并添加适量 TiC 时，燃烧合成 Ti_3AlC_2 的 Ti、Al 和 C 原料最佳物质的量配比为 Ti∶Al∶C＝3∶1.2∶2。

第十一节　C 含量对 Ti-Al-C 体系燃烧合成 Ti_3AlC_2 粉体的影响

本节研究在 Ti-Al-C 体系中，改变 C 含量对燃烧合成 Ti_3AlC_2 粉体的影响，并从原料物质量的配比和热力学原理的角度探讨了不同 C 含量对燃烧产物相组成的影响机理。

一、实验方法

实验原材料为 Ti 粉、Al 粉、炭黑粉末，并添加适量稀释剂，用无水乙醇为介质在行星式球磨机上球磨 8h，干燥后，将混合料冷压成约达 50％理论密度的 ϕ30mm×50mm 试样，在氩气保护下以通电钨丝圈点燃反应物，同时采用 W/3％Re－W/25％Re 热电偶和计算机数据采集系统相连结来记录燃烧反应温度。采用 XRD 分析产物相组成和用 SEM 观察产物显微结构形貌。

二、实验结果

1. 不同 C 含量燃烧合成产物的 XRD 分析结果

图 3-36 是固定 Ti-Al-C 体系中的 Ti∶Al＝3∶1.1（物质的量之比）及改变体系中 C 含量（22.64at.％～32.77at.％）时，燃烧产物的 XRD 谱图。XRD 分析结果表明，C 含量对 Ti-Al-C 体系燃烧合成 Ti_3AlC_2 影响很大。图 3-36(a)～3-36(c) 分别是 C 为 1.2mol、1.4mol 和 1.6mol 时燃烧产物的 XRD 分析结果，产物物相有 Ti_3AlC_2、Ti_2AlC 和 TiC。主晶相是 Ti_2AlC 和较多量的 TiC 以及极少量的 Ti_3AlC_2。Ti_3AlC_2 的衍射峰强度很弱，例如，理论相对衍射峰强度为 44％的（002）晶面（2θ＝9.5°）的衍射峰强度分别只有 1.35％、4.76％和 0.64％，在 XRD 图上几乎看不到；图 3-36(d)～3-36(g) 为 C 是 1.7mol、1.8mol、1.9mol 和 2mol 时燃烧产物的 XRD 图，结果表明，燃烧产物物相均为 Ti_3AlC_2 和 TiC，Ti_2AlC 极少或无，其中 C 量为 1.8mol 时[图 3-36(e)]，燃烧产物的 Ti_3AlC_2 衍射峰最强，TiC 衍射峰最弱。图 3-36(d) 燃烧产物主晶相为 Ti_3AlC_2 及大量的 TiC，而 Ti_2AlC 的量极少；图 3-36(e) 产物主晶相为 Ti_3AlC_2，与其他各产物中的 TiC 相比，该产物中 TiC 的含量最低；图 3-36(f)～3-36(g) 产物的主晶相为 Ti_3AlC_2 及较多的 TiC。

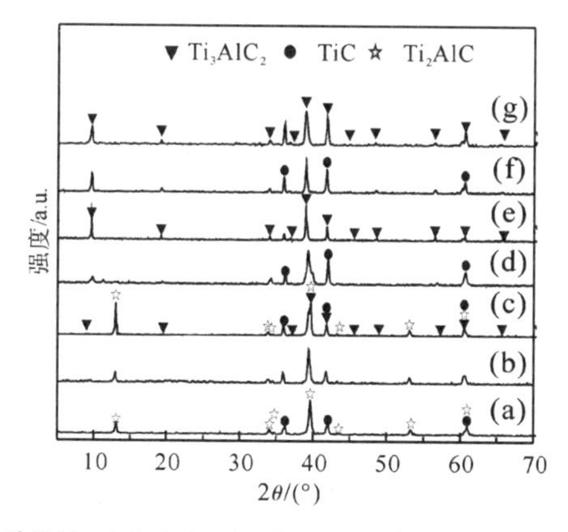

体系中 C 的物质的量：(a) 1.2mol；(b) 1.4mol；(c) 1.6mol；(d) 1.7mol；(e) 1.8mol；(f) 1.9mol；(g) 2.0mol

图 3-36　不同 C 含量的 Ti-Al-C 体系燃烧产物的 XRD 谱图

2. 燃烧合成产物的微观结构形貌

图 3-37 是固定 Ti∶Al＝3∶1.1 及原料物质的量配比中 C 量为 1.2mol、1.7mol、1.8mol 和 2mol 时燃烧产物的显微结构形貌图：图 3-37(a) 的微观形貌为层状较多和颗粒较少的结构，XRD 分析结果表明，其产物物相是 Ti_2AlC 和 TiC，层状形貌物相为 Ti_2AlC，颗粒是 TiC；图 3-37(b) 为层状和颗粒相混的微观结构形貌，由 XRD 分析结果可知，层状为 Ti_3AlC_2，颗粒为 TiC；图 3-37(c) 为 Ti_3AlC_2 的层状物质，颗粒状物极少；图 3-37(d) 主要为 Ti_3AlC_2 的层状形貌结构，同时也可观察到较多颗粒状的 TiC。SEM 观察的结果与 XRD 分析结果一致。

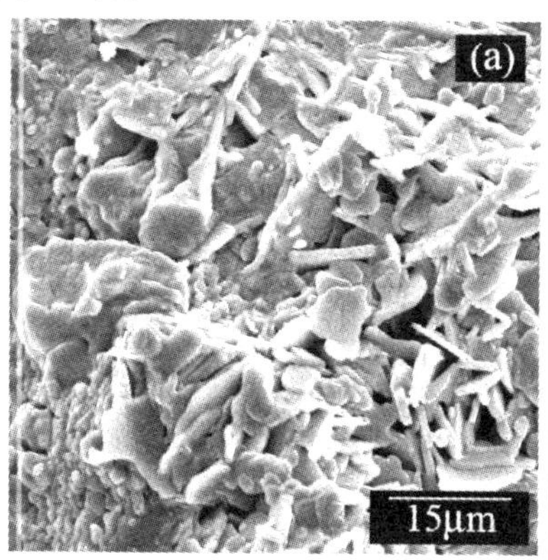

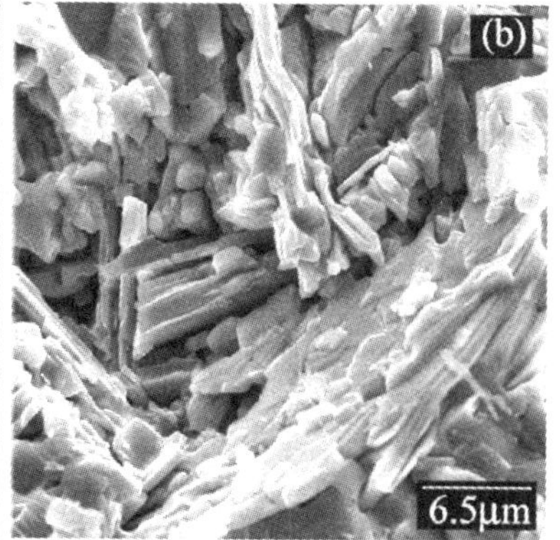

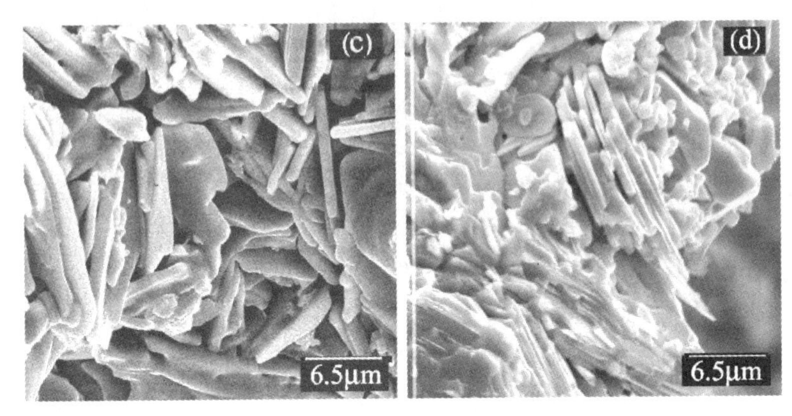

Ti∶Al∶C 物质的量之比为：(a) 3∶1.1∶1.2；(b) 3∶1.1∶1.7；(c) 3∶1.1∶1.8，(d) 3∶1.1∶2

图 3-37　燃烧合成产物显微结构照片

三、结果讨论

Ti-Al-C 体系中 C 含量较低时，燃烧产物主晶相是 Ti_2AlC 和较多量的 TiC，其中 Ti_2AlC 的衍射峰更强，而产物中 Ti_3AlC_2 的衍射峰极弱。随着 C 含量的增加，Ti_2AlC 的衍射峰强度增强，但当 C 含量增至 29.31at.%时，Ti_2AlC 的衍射峰突然变得极弱，Ti_3AlC_2 的衍射峰却由弱突然增强，成为燃烧产物的主晶相。当 C 含量为 30.51at.%时，Ti_3AlC_2 的衍射峰强度达最大，而 TiC 衍射峰强度最小。C 含量再增加时，Ti_3AlC_2 的衍射峰强度逐渐减弱，同时 TiC 衍射峰强度呈线性增加。从图 3-38 可清楚地看出，Ti_3AlC_2（002）晶面和 TiC（111）晶面衍射峰强度随 C 含量变化的关系。上述实验结果可从原料组成配比和热力学原理来讨论。

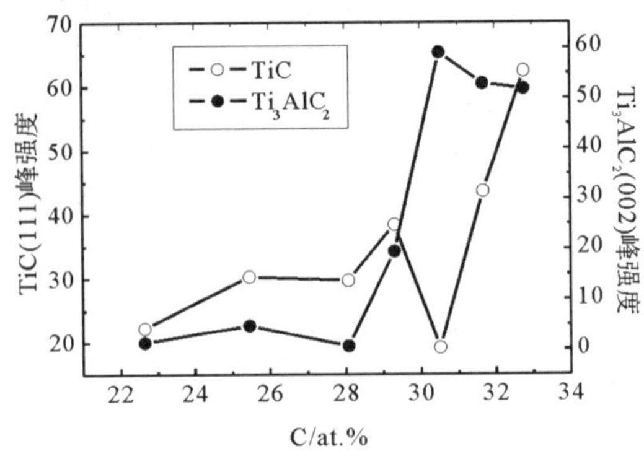

图 3-38　C 含量对 Ti_3AlC_2（002）和 TiC（111）衍射峰强度的影响

1. 组成配比对燃烧合成 Ti_3AlC_2 的影响

在 Ti_2AlC 的“理想”晶体结构中，Ti∶Al∶C 的原子比为 2∶1∶1，即其化学式为 Ti_2AlC。但 Pietzka 等用化学方法分析 Ti_3AlC_2 和 Ti_2AlC 中的 C

含量时，假定 Ti∶Al 物质的量之比为 3∶1 和 2∶1，C 分析结果表明，Ti_3AlC_2 和 Ti_2AlC 都是缺碳化合物，确定其化学式为 $Ti_3AlC_{1.9}$ 和 $Ti_2AlC_{0.69}$。$Ti_3AlC_{1.9}$ 在 1300℃为均相，$Ti_2AlC_{0.69}$ 在 700～1300℃均相。从原料物质的量配比组成来看，若将图 3-36（a）～3-36（c）的原料物质的量配比改写为：Ti∶Al∶C=3∶1.1∶1.2=2∶0.73∶0.8，Ti∶Al∶C= 3∶1.1∶1.4=2∶0.73∶0.93，Ti∶Al∶C=3∶1.1∶1.6= 2∶0.73∶1.07，就会发现这三种 Ti、Al 和 C 原料物质的量配比中的 Ti/C 物质的量之比与缺 C 的 $Ti_2AlC_{0.69}$ 中的 Ti/C 非化学计量配比基本吻合，而与缺 C 的 $Ti_3AlC_{1.9}$ 中的 Ti/C 比相差很大，此时的原料中 Al 含量不足。已有研究表明，不同的 Ti、C 物质的量之比对Ti-Al-C体系燃烧合成产物组成影响极大，而 Al 含量对燃烧合成产物组成影响较小。因此从组成配比上看，C 含量较低时，燃烧合成产物主晶相应该是 Ti_2AlC 和 TiC，而 Ti_3AlC_2 的生成量很少。当 C 含量为 1.7mol 以后，Ti、Al 和 C 的原料物质的量配比接近 $Ti_3AlC_{1.9}$ 的化学计量比，所以燃烧合成产物的主晶相是 Ti_3AlC_2。且随着 C 含量的增加，Ti_3AlC_2 的衍射峰强度增加，而 Ti_2AlC 相却突然降为极弱[图 3-36(d)]，随后消失。

以无重叠衍射峰的 Ti_3AlC_2（002）晶面的衍射强度与 TiC（111）晶面的衍射强度之比（*F* 值）表示各燃烧产物中生成 Ti_3AlC_2 的相对量。图 3-39 是 *F* 值和燃烧反应温度随 C 含量变化的关系，从图可见，其结果与上述讨论一致：生成 Ti_3AlC_2 的相对量，即 *F* 值随 C 含量的增加而逐渐增多，随后则逐渐减小，近似呈对称分布，其中以 C 含量 30.51at.%，即 Ti∶Al∶C=3∶1.1∶1.8 时，*F* 值达到峰值。说明 Ti、Al 物质的量之比为 3∶1.1，C 含量为 1.8mol 时，生成 Ti_3AlC_2 的相对量最多。这在一定程度上说明燃烧反应中合成的 Ti_3AlC_2 是缺碳化合物，Tzenov 等就以化学式 $Ti_3Al_{1.1}C_{1.8}$ 化学计量比配料。

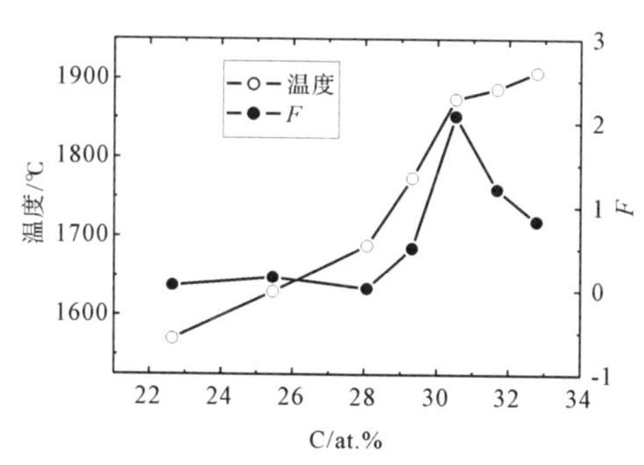

图 3-39　Ti-Al-C 体系中 C 含量（at.%）与燃烧反应温度和 *F* 值的关系

2. 燃烧反应温度对 Ti-Al-C 体系燃烧合成 Ti_3AlC_2 的影响

Ti_3AlC_2 和 Ti_2AlC 在 1300℃的 Gibbs 生成自由能分别为 ΔG^θ（Ti_3AlC_2）

$=-68.7\sim-63.2$ kJ · mol^{-1} 和 ΔG^{θ}（Ti_2AlC）$=-54.8\sim-49.6$ kJ · mol^{-1}，均为负值，且绝对值较大，据化学热力学原理可知，生成 Ti_3AlC_2 和 Ti_2AlC 的反应能自发进行。另一方面，从由单质粉末组成的 Ti-Al-C 反应体系中各组分间的相互可能反应（如，二元组分的反应：Ti-Al，Ti-C，Al-C 等）的情况来看，在 1000℃以上时，生成 Gibbs 自由能以 TiC 的最小：

$$\Delta G^{\theta}(TiAl_3)=-1.832148\times10^5+64.277406T$$

$$\Delta G^{\theta}(Al_4C_3)=-2.6571774\times10^5+95.07929T$$

$$\Delta G^{\theta}(TiC)=-1.887399\times10^5+15.439937T$$

而其生成热 $\Delta_f H^{\theta}$（TiC，1327℃）$=-188.8$ kJ · mol^{-1} 又较大，因而 TiC 较易生成，同时放出的热量很多。

一系列的实验表明：如果以元素粉末 Ti、Al 和 C 为起始反应原料，测得燃烧反应温度为 2003.7℃，当添加 20wt.%金属间化合物 TiAl 替代反应体系中的部分 Ti 和 Al 时，燃烧反应温度为 1971.4℃，随添加量的增多，燃烧反应温度降低程度相对不太大，例如，添加量为 35wt.%时，燃烧反应温度为 1885.0℃，Lopacinski 等用 TiAl 替代燃烧反应体系中的全部 Al 源时（TiAl 添加量为 42.3wt.%），反应同样能点燃。若添加 20wt.% 金属间化合物 $TiAl_3$ 时，燃烧反应比添加 TiAl 时燃烧反应更为剧烈。而添加 20wt.%TiC 替代反应体系中的部分 Ti 和 C 时，燃烧反应温度为 1873.8℃，随着 TiC 添加量的增加，燃烧反应温度降低程度很大，例如，TiC 加入量为 35wt.%时，测得燃烧反应温度为 1604.8℃，当 TiC 添加量增至 40wt.%时，燃烧反应不能点燃。本实验结果也表明，若固定 Ti∶Al=3∶1.1（物质的量之比），燃烧反应温度将随体系中含 C 量的增加而升高，燃烧反应温度与 C 含量呈正相关，见图3-39左边纵行。实验发现，Ti∶C 比越接近 1∶1，燃烧反应体系的燃烧反应温度越高，此时放出的能量也越多。基于以上理论和实验结果，可以推断：Ti 与 C 反应生成 TiC 放出的热量是维持体系燃烧的主要原因，即 TiC 是 Ti-Al-C 燃烧反应体系燃烧合成 Ti_3AlC_2 的中间物质。燃烧合成 Ti_3AlC_2 的机制是：在 Ti-Al-C燃烧反应体系中，先生成 TiC 和金属间化合物 Ti-Al，同时 TiC 溶于熔融的 Ti-Al 中，然后从熔融体中析出 Ti_3AlC_2 或 Ti_2AlC 等三元碳化合物。因此燃烧反应产物中通常有 TiC。

实验结果表明，当 C 含量较低时（22.64at.%～28.07at.%），其对应的燃烧反应温度在 1570～1680℃，燃烧合成产物中以 Ti_2AlC 的衍射峰强度最强，为燃烧产物的主晶相，而 Ti_3AlC_2 的衍射峰强度很弱，见图 3-36(a)～3-36(c)，从燃烧反应温度的角度说明此温度范围有利于燃烧合成 Ti_2AlC。已有研究表明，Ti_2AlC 在 1625℃±10℃会不相合熔化分解为 L+TiC。说明燃烧温度高于此分解温度一定范围，将不利于 Ti_2AlC 的燃烧合成。另一方面，产物中 TiC 随之略有增加，见图 3-38，与 Ti_2AlC 在 1625℃±10℃以上会分解一致。上述燃烧温度范围在 Ti_2AlC 的不相合熔化分解温度左右，加上体系的燃烧温度降低速度很快，见图 3-40，所以生成的 Ti_2AlC 分解很少。

C 含量为 29.31at.%～32.77at.%时，燃烧反应温度在 1770～1900℃，燃烧产物中主晶相为 Ti_3AlC_2，而基本观察不到 Ti_2AlC 的衍射峰。这由于此温度范围高于 Ti_2AlC 的熔化分解温度 1625℃±10℃较多，Ti_2AlC 难以生成。说明生成 Ti_3AlC_2 的燃烧合成反应上限温度高于 Ti_2AlC 的燃烧合成反应上限温度。

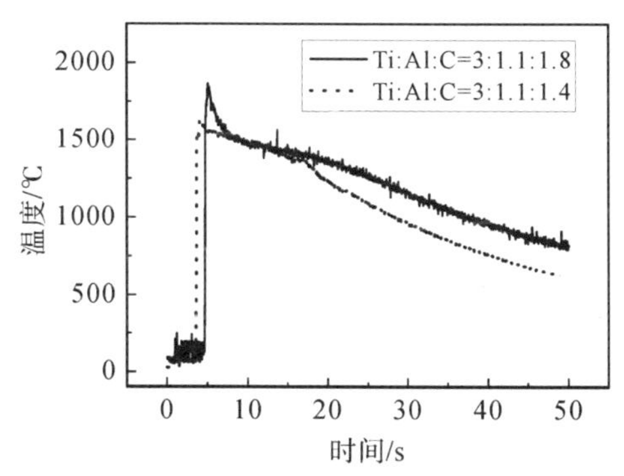

图 3-40　Ti-Al-C 燃烧反应体系的燃烧反应温度（℃）随时间（s）的变化关系

图 3-41 表示的是燃烧反应温度与产物中 Ti_3AlC_2 相对生成量（*F* 值）的关系，可以看出，Ti_3AlC_2 的生成量随温度升高而逐渐增加，出现一个峰值后，又逐渐降低，峰值对应的温度为 1873.8℃，说明此条件下（Ti∶Al∶C=3∶1.1∶1.8）燃烧合成的 Ti_3AlC_2 量最多。

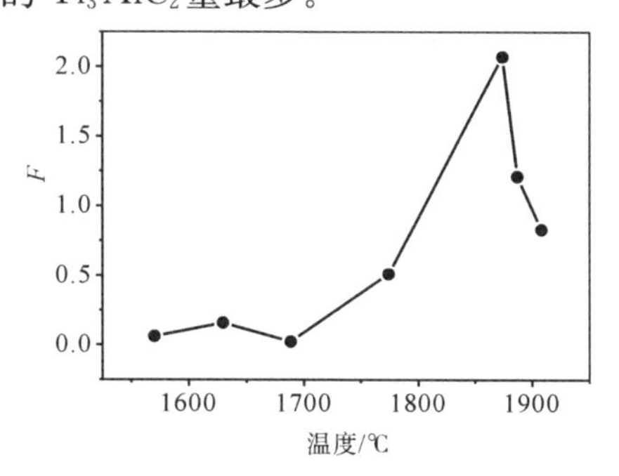

$F=I$（Ti_3AlC_2，002）/I（TiC，111）

图 3-41　燃烧反应温度与 *F* 值的关系

四、小结

C 含量对 Ti-Al-C 体系燃烧合成 Ti_3AlC_2 粉体影响很大：C 含量较低时（22.64at.%～28.07at.%），燃烧产物主要物相为 Ti_2AlC，C 含量较高时

(29.31at.%～32.77at.%)，燃烧产物主要物相为 Ti_3AlC_2。Ti_3AlC_2 的燃烧合成反应温度高于 Ti_2AlC 的燃烧合成反应温度，Ti_3AlC_2 的生成量随 Ti-Al-C 体系的燃烧反应温度升高而近似呈对称分布。当固定 Ti∶Al 为 3∶1.1，燃烧合成 Ti_3AlC_2 的 Ti、Al 和 C 原料最佳物质的量配比为 Ti∶Al∶C＝3∶1.1∶1.8。

参考文献

Myhra S, Crossley J A A, Barsoum M W. 2001. Crystal-chemistry of the Ti_3AlC_2 and Ti_4AlN_3 layered carbide/nitride phases—characterization by XPS[J]. Journal of Physics and Chemistry of Solids, 62: 811—817.

Ivanovski A L, Medvedeva M I. 1999. Electronic structure of hexagonal Ti_3AlC_2 and Ti_3AlN_2[J]. Mendeleev Communtications, (1): 36—38.

Zhou Y C, Wang X H, Sun Z M, et al. 2001. Electronic and structural properties of the Layered ternary carbide Ti_3AlC_2[J]. Journal of Materials Chemistry, 11 (9): 2335—2339.

艾桃桃，冯小明，李文虎. 2009. Ti_3AlC_2 的性能与制备[J]. 宇航材料工艺，(5)：7—11.

Tzenov N V, Barsoum M W. 2000. Synthesis and characterization of Ti_3AlC_2[J]. Journal of the American Ceramic Society, 83 (4): 825—832.

Wang X H, Zhou Y C. 2002. Microstructure and properties of Ti_3AlC_2 prepared by the solid—liquid reaction synthesis and simultaneous in—situ hot pressing process[J]. Acta Materialia, 50 (12): 3141—3149.

Wang X H, Zhou Y C. 2002. Synthesis and oxidation of bulk Ti_3AlC_2[J]. Key Engineering Materials, 224～226: 785—790.

周韡，翟洪祥，黄振莺，等. 2006. 钛铝碳的高速摩擦特性及摩擦氧化行为[J]. 硅酸盐学报，34 (5)：523—526.

李建伟. 2008. Ti_3AlC_2 陶瓷材料的燃烧合成[D]. 兰州：兰州理工大学.

葛振斌，陈克新，郭俊明，等. 2003. 燃烧合成 Ti_3AlC_2 粉体的机理研究[J]. 无机材料学报，18 (2)：427—432.

郭俊明，郭亚力，黄兆龙. 2002. 不同气氛和素坯密度对燃烧合成 Ti_3AlC_2 粉体的影响[J]. 蒙自师范高等专科学校学报，4 (6)：6—9.

Choi Y, Mullins M E, Wijayatilleke K, et al. 1992. Fabrication of metal matrix composites of TiC—Al through self—propagating synthesis reaction[J]. Metallurgical Transactions A-Physical Metallurgy and Materials Science, 23: 2387—2392.

Tomoshige R, Matsushita T. 1996. Production of titanium-aluminum-carbon ternary composites with dispersed fine TiC particles by combustion synthesis and their microstructure[J]. Journal of the Ceramic Society of Japan, 104 (2): 94—100.

郭俊明，陈克新，葛振斌，等. 2003. 添加 TiC 和 Ti_3AlC_2 对燃烧合成 Ti_3AlC_2 粉体的影响[J]. 无机材料学报，18 (1)：251—256.

Ge Z B, Chena K X, Guo J M, et al. 2003. Combustion synthesis of ternary carbide Ti_3AlC_2 in Ti-Al-C system[J]. Journal of the European Ceramic Society, 23: 567—574.

郭俊明，黄兆龙，郭亚力，等. 2003. TiC 对 Ti：Al：C=2：2：1 系燃烧产物的影响[J]. 红河学院学报（自然版），1（1）：44—47.

郭俊明，陈克新，刘光华，等. 2004. 添加 TiAl 对燃烧合成 Ti_3AlC_2 粉体的影响[J]. 稀有金属材料与工程，33（1）：59—62.

Binnewies M，Milke E. 1999. Thermochemical cata of elements and compounds[M]. New York：VCH.

Pietzka M A，Schuster J C. 1994. Summary of constitutional data on the aluminum-carbon-titanium system[J]. Journal of Phase Equilibria，15（4）：392—400.

郭俊明，陈克新，周和平，等. 2004. Ti-Al-C 体系中添加 $TiAl_3$ 对燃烧合成 Ti_3AlC_2 粉体的影响[J]. 金属学报，40（1）：109—112.

Wang Z D，Hu H Q，Li Q C. 1995. Reaction model in Al-Ti-C system[J]. Acta Metall Sin（English Letters），8：137—143.

郭俊明，陈克新，周和平，等. 2004. 不同铝含量对 Ti-Al-C 系燃烧合成 Ti_3AlC_2 粉体的影响[J]. 复合材料学报，21（3）：59—62.

郭俊明，陈克新，葛振斌，等. 2003. 碳含量对 Ti-Al-C 系燃烧合成 Ti_3AlC_2 粉体的影响[J]. 金属学报，39（4）：409—413.

第四章　燃烧合成 Ti_2AlC 粉体

第一节　引　　言

Ti_2AlC 是一种兼备金属和陶瓷特点的新型结构与功能一体化的可加工层状陶瓷材料，其突出的特性包括良好的导热性、导电性和常温抗破坏性，优异的抗热震性和高温抗氧化性，利用便利工具极易加工，低密度、高熔点、高强度、高杨氏模量和高切变模量等。Jeitschko 等 1963 年首次采用 Ti 粉、石墨粉和 Al 粉在真空管中加热数百小时合成了少量的 Ti_2AlC 粉。国内外学者通过热压法、热等静压法、固-液反应和同时原位热压法、放电等离子烧结法等得到了 Ti_2AlC 块状体。本章采用燃烧合成法研究 Ti_2AlC 粉体制备。

一、Ti_2AlC 的结构

Jeitschk 等的研究表明，Ti_2AlC 属六方晶系，空间群为 $D_{6h}^4-P6_3/mmc$，晶格参数为 $a=0.307$nm，$c=1.769$nm，理论密度 4.11g/cm^3，是 H 相的典型代表。原子 Ti 占 4f，Al 占 2c，C 占 2a Wyckoff 位置，是由 Ti_6C 八面体层和二维紧密堆积的 Al 原子层交替排列组成。在 Ti_2AlC 晶体结构中，过渡金属原子 Ti 与 C 原子之间形成[Ti_6C] 八面体，C 原子位于[Ti_6C] 八面体的中心。Ti_2AlC 由[Ti_6C] 八面体层和紧密堆积的 Al 原子层沿着 c 轴交替排列组成，每一个晶胞中含有两个 Ti_2AlC 分子。

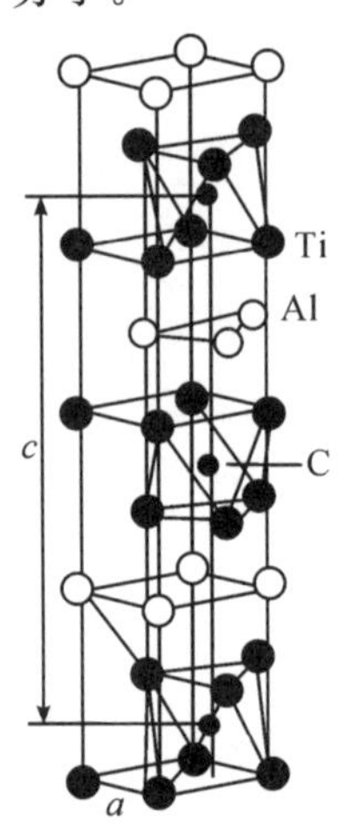

图 4-1　Ti_2AlC 的结构

Ti_2AlC 具有与金属一样优异的导电性能，且为各向异性。Hug 等和 Zhou 等采用第一原理计算的结果表明，Ti_2AlC 中的化学键也是各向异性的，是一种含有金属键－共价键－离子键的混合键型。Ti 原子和 C 原子之间的结合为强共价键，赋予材料高强度、高弹性模量，而 Ti 原子平面和 Al 原子平面之间的结合非常弱，使得材料具有层状结构和自润滑性，并具有优良的导电性能。Hug 等计算后发现 Ti_2AlC 的键合主要在于 Ti_d-C_p和 Ti_d-Al_p轨道杂化。

Barsoum 等用光电子能谱研究和计算 Ti_2AlC 表明，Ti_2AlC 具有低的结合能。C1s 能量处于 Ti_2AlC 能量范围的低端，约在 281.1～282.0 eV。Ti 元素的结合能小于或等于 Ti 处于金属态时的结合能。而 Al 比处于金属态的 Al 的结合能低 0.5～2 eV，Al 原子的屏蔽作用来源于 Al 原子层外的相互作用，而 Ti-C 之间的键合则与相应的 TiC 晶体内的作用力相似。Matar 等研究认为，在 Ti_2AlC 中主要存在 Ti 与 C 以及 Ti 与 Al 之间的两种键合，而 C 与 Al 基本上没有键合。

二、Ti_2AlC 性能

Barsoum 等用热压工艺合成的 Ti_2AlC 块体材料平均晶粒尺寸为 100～200μm，在 10N 的刻划压力下测得的维氏显微硬度为 5.5GPa，要高于石墨和大多数金属的显微硬度。但是，要比 TiC 和 TiN 陶瓷低得多，像石墨一样易于加工。平均热膨胀系数为（8.1±0.5）$\times10^{-6}K^{-1}$，电导率为 $2.8\times10^6S\cdot m^{-1}$。室温受压后为剪切失效，抗压强度为 391～393MPa；高温受压后产生塑性变形，且具有相当高的屈服值，其抗压强度在 1300℃仍然维持在 150～170MPa。Barsoum 等用热等静压法在 40MPa 的压力下于 1300℃保温 30h 合成的含有约 4vol%Al_2O_3作为第二相的 Ti_2AlC 材料的平均晶粒尺寸为 20～25μm，试样完全致密而且容易加工。维氏显微硬度随着载荷增加而下降，最终逼近 4.5GPa。室温压缩变形不是突变失效，而是剪切失效，其抗压强度为 540MPa±21MPa；高温下抗压变形具有更多的塑性特点，1300℃时的抗压强度仍然维持在 270MPa 左右。在 25～1300℃的温度范围内，Ti_2AlC 的平均热膨胀系数为（8.2±0.2）$\times10^{-6}K^{-1}$，其电导率为 $2.7\times10^6S\cdot m^{-1}$。

Ti_2AlC 在常温和高温下，均有很好的导热性和导电性，Barsoum 等测定 Ti_2AlC的热导率，在 27℃时为 46 W/（m·K），1027℃时为 36 W/（m·K）。

Zhou 等对采用固-液相反应和同时原位热压合成法成功制备的致密高纯 Ti_2AlC 块体材料进行了性能测试，测定其密度为 4.1g/cm³，在 0～10N 的刻划压力下测得的维氏显微硬度为 2.8GPa，室温下的抗弯强度为 275MPa，断裂韧性为 $6.5MPa\cdot m^{-1}$。室温下的电导率为 $4.42\times10^6S\cdot m^{-1}$，是纯金属 Ti 的两倍，－195℃时的电导率为 $12.8\times10^6S\cdot m^{-1}$。Zhou 等测得的电导率数值要比 Barsoum 测得的大得多，可能是用不同工艺条件下制得的样品中的杂质相不同所造成的。

三、Ti_2AlC 的抗氧化性

Barsoum 对热压工艺合成的 Ti_2AlC 块体材料的氧化行为进行研究表明：Ti_2AlC 在 1000℃ 的氧化遵循抛物线规律，抛物线速率常数为 $2\times10^{-5}kg^2\cdot m^{-4}\cdot s^{-1}$，氧化产物为 $TiAl_2O_5$ 和 TiO_2。Zhou 等利用热解重量分析仪、X 衍射、拉曼光谱和扫描电镜研究了 Ti_2AlC 在 500～1300℃空气中的氧化性能。尽管在高温下，Ti_2AlC 显示了良好的抗氧化性，但是在 500～600℃时，却出现了异常高的氧化速度。究其原因，在 500～600℃时生成了保护性很弱的膜 γ-Al_2O_3、δ-Al_2O_3、θ-Al_2O_3 和锐钛矿型 TiO_2，而在大于 600℃ 的高温时则生成了致密的保护性很好的 α-Al_2O_3 和金红石型 TiO_2。

四、Ti_2AlC 材料的应用前景

在 Ti-Al-C 体系三元碳化合物中，Ti_2AlC 最为稳定。Ti_2AlC 综合了金属与陶瓷的性能，既具有金属的高电导率、高断裂韧性，又具有陶瓷的高强度、优异的抗氧化性能，最重要的是它具有良好的可加工性能。Ti_2AlC 耐氧化、抗热震、弹性模量和断裂韧性高，高温下有良好的塑性并能保持较高的强度，易加工，是高温发动机理想的候选材料。其具有良好的导电性能、强度高、摩擦系数低和良好的自润滑性能，可作为新一代的电刷和电极材料。而且又有很好的耐腐蚀、抗氧化和导热性及机械加工性，非常适合在高温、化学腐蚀条件下工作的各类减摩构件，例如，化学反应釜的搅拌器轴承、风扇轴承、特殊的机械密封件等。

第二节　单质粉末燃烧合成 Ti_2AlC 粉体

本节以单质粉末 Ti 和炭黑以及低成本 Al 粉为原料，研究燃烧合成法制备单相 Ti_2AlC 陶瓷粉体，并从热力学原理的角度探讨不同原料物质的量的配比对燃烧产物相组成的影响机理。

一、实验方法

实验原材料为 Ti 粉、Al 粉和炭黑粉，用无水乙醇为介质在行星式球磨机上球磨 8h，干燥后，将混合料冷压成约达 50％理论密度的 ϕ30mm×50mm 试样，在氩气保护下以通电钨丝圈点燃反应物，同时通过 W/3％Re－W/25％Re 热电偶和计算机数据采集系统记录燃烧反应温度。采用 XRD 分析产物相组成，SEM 观察显微结构形貌。

二、实验结果

1. 燃烧产物的 X 射线衍射分析结果

图 4-2(a) 是按化学式 Ti_2AlC 的化学计量物质的量配比（Ti∶Al∶C=2∶1∶1）得到的燃烧产物的 XRD 谱图。XRD 分析结果表明：燃烧产物中有 Ti_2AlC、Ti_3AlC_2 和 TiC。产物中主晶相是 Ti_3AlC_2，仅得到少量 Ti_2AlC，同时 TiC 的衍射峰强度也较强。说明利用 Ti、Al 和 C 元素粉末为反应原料，按化学式 Ti_2AlC 的化学计量（Ti∶Al∶C=2∶1∶1），只能得到少量的 Ti_2AlC 相。图 4-2(b) 是按 Ti∶Al∶C=3∶1.5∶1 物质的量配比得到的燃烧合成产物的 XRD 图谱。XRD 分析结果表明：燃烧合成产物为 Ti_2AlC 及极少量 TiC。

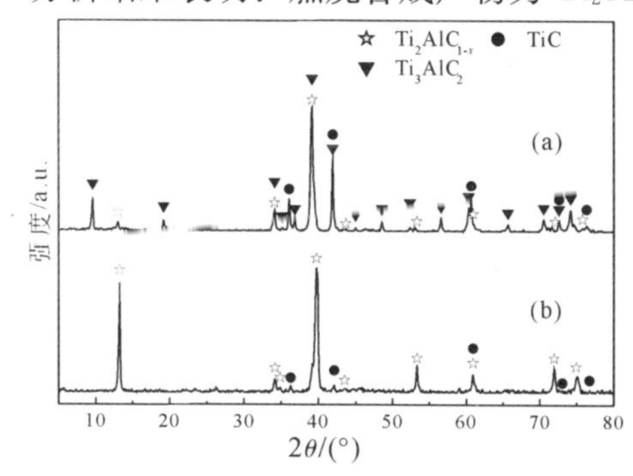

(a) Ti∶Al∶C=2∶1∶1；(b) Ti∶Al∶C=3∶1.5∶1

图 4-2　Ti-Al-C 体系燃烧合成产物的 XRD 谱图

2. 燃烧产物的显微结构形貌

图 4-3 是 Ti-Al-C 燃烧合成产物的显微结构形貌图。三元碳化合物 Ti_2AlC 和最近发现的 Ti_3AlC_2 都是层状物结构。图 4-3(a) 是 Ti∶Al∶C=2∶1∶1 燃烧产物的 SEM 图，为片状物，结合 XRD 分析结果，片状物主要为 Ti_3AlC_2，而 Ti_2AlC 较少，还可观察到颗粒状的 TiC。图 4-3(b) 是 Ti∶Al∶C=3∶1.5∶1 燃烧产物的 SEM 图，均为片状物，由 XRD 分析结果可知，片状物是 Ti_2AlC 相。

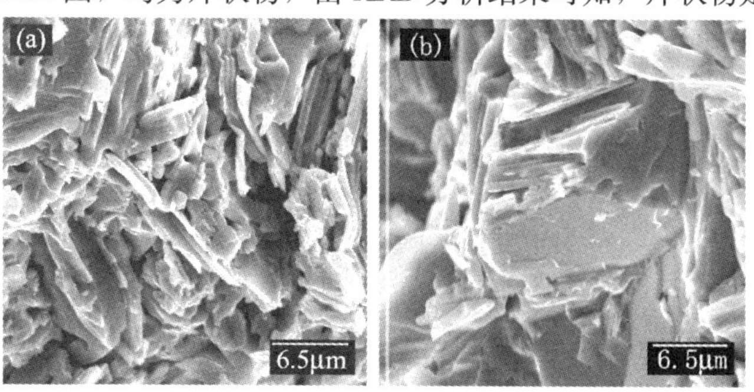

(a) Ti∶Al∶C=2∶1∶1；(b) Ti∶Al∶C=3∶1.5∶1

图 4-3　燃烧合成产物显微结构照片

三、实验结果讨论

从 XRD 分析结果来看，原料中不同的 Ti∶Al∶C 物质的量配比对燃烧合成产物的相组成影响较大。按化学式 Ti_2AlC 的化学计量配比得到的产物主晶相是 Ti_3AlC_2；按 Ti∶Al∶C=3∶1.5∶1 得到的产物则是单相 Ti_2AlC。在 Ti∶Al∶C=3∶1.5∶1 的物质的量之比中，Ti 和 Al 的量与化学式 Ti_2AlC 的化学计量相比已过量较多，尤其 Ti 更多，但从 XRD 结果观察不到明显的 Ti-Al金属间化合物或 Ti 和 Al 的衍射峰。可以从组成原料物质的量配比和热力学两个方面来说明导致产物相不同的原因。

1. 组成原料物质的量配比对燃烧合成 Ti_2AlC_{1-x}的影响

在“理想”晶体结构中，Ti∶Al∶C 的原子比为 2∶1∶1，即其化学式为 Ti_2AlC。但 Pietzka 等用化学方法分析 Ti_3AlC_2和 Ti_2AlC 中的 C 含量时，假定 Ti∶Al 物质的量之比为 3∶1 和 2∶1，C 分析结果表明，Ti_3AlC_2和Ti_2AlC都是缺碳化合物，确定其化学式为 $Ti_3AlC_{1.9}$和 $Ti_2AlC_{0.69}$，$Ti_3AlC_{1.9}$在 1300℃为均相，$Ti_2AlC_{0.69}$在 700～1300℃为均相。如果将原料物质的量配比改写，就会发现实验中采用的 Ti∶Al∶C=3∶1.5∶1 原料物质的量配比中的 Ti∶C 比与该缺碳化合物的相应比例吻合：Ti∶Al∶C=3∶1.5∶1= 2∶1∶0.7，而 Ti∶Al∶C=2∶1∶1= 3∶1.5∶1.5 中的 Ti∶C 比与 $Ti_3AlC_{1.9}$和 $Ti_2AlC_{0.69}$的都较接近。不同的 Ti、C 物质的量之比对 Ti-Al-C 体系燃烧合成产物组成影响极大，而 Al 含量对燃烧合成产物组成影响较小。显然，从组成配比上看，Ti∶Al∶C= 3∶1.5∶1 原料配比燃烧合成的产物就是三元碳化合物 Ti_2AlC，而 Ti∶Al∶C=2∶1∶1 燃烧产物就应是 Ti_3AlC_2和 Ti_2AlC，且生成 Ti_3AlC_2和 Ti_2AlC 量的物质的量之比应该是 1∶1。但 Ti∶Al∶C=2∶1∶1 体系的实验结果却以 Ti_3AlC_2为燃烧产物的主晶相，这是由于燃烧反应温度对燃烧合成 Ti_3AlC_2 和 Ti_2AlC 影响所致。从组成来看，Ti_2AlC 的化学式最好写为 Ti_2AlC_{1-x}。

2. 燃烧反应温度对燃烧合成 Ti_2AlC_{1-x}的影响

燃烧反应温度是影响燃烧合成平衡产物成分的重要因素。燃烧反应温度越高，燃烧波速率越大，反应速率也越快，燃烧反应所需的时间就越短。实验中分别测得 Ti∶Al∶C=2∶1∶1 与 Ti∶Al∶C=3∶1.5∶1 体系的燃烧反应温度为 2014.9℃和 1638.8℃，前者的反应温度远高于后者。因此 Ti∶Al∶C=2∶1∶1体系的燃烧反应速率远大于 Ti∶Al∶C=3∶1.5∶1 体系的燃烧反应速率。

在目前热力学数据手册和与 Ti_3AlC_2 和 Ti_2AlC_{1-x}的相关所有文献资料中都没有 Ti_3AlC_2和 Ti_2AlC_{1-x}的生成热数据，因此无法直接判断生成 Ti_3AlC_2和

Ti_2AlC_{1-x}的反应是放热还是吸热反应。但是，根据 Pietzka MA 等对 Ti_3AlC_2 和 Ti_2AlC_{1-x} Gibbs 生成自由能的估计值，并结合热力学公式 $\Delta G=\Delta H-T\Delta S$，可作出判断。

Ti_3AlC_2和 Ti_2AlC_{1-x}在 1300℃时的 Gibbs 自由能分别为 ΔG^θ（Ti_3AlC_2）$=-68.7\sim-63.2$ kJ·mol^{-1}和 ΔG^θ（Ti_2AlC_{1-x}）$=-54.8\sim-49.6$ kJ·mol，Ti_3AlC_2的生成 Gibbs 自由能比 Ti_2AlC_{1-x}的小得多，据热力学原理可知，生成 Ti_3AlC_2 的趋势比生成 Ti_2AlC_{1-x} 的大。元素粉末反应生成 Ti_3AlC_2 和 Ti_2AlC_{1-x}的过程是熵减小的过程（$\Delta S<0$），即$-T\Delta S>0$，对于固相或固一液反应来说，其熵变应该较小；另一方面，Ti_3AlC_2和 Ti_2AlC_{1-x}的 Gibbs 生成自由能的负值的绝对值都很大。因此生成 Ti_3AlC_2和 Ti_2AlC_{1-x}的反应都是放热反应（$\Delta H<0$）。

对 Ti-Al-C 燃烧合成 Ti_3AlC_2和 Ti_2AlC_{1-x}的体系，据 $\Delta G=\Delta H-T\Delta S$ 可知，由于$-T\Delta S>0$，$\Delta H<0$，所以当温度较低时，不会改变反应的 Gibbs 自由能符号，但温度很高时就可能改变 ΔG 的符号。从 Ti_3AlC_2和 Ti_2AlC_{1-x}的生成自由能来看，前者负值的绝对值大于后者负值的绝对值约 13 kJ·mol^{-1}，因此当燃烧反应温度超过某一温度（1600℃以上，具体讨论见下）时，Ti_3AlC_2的生成自由能仍为负值，而 Ti_2AlC_{1-x}的生成自由能 ΔG 会由负值逐渐变为接近零或甚至大于零。Pietzka MA 等曾估算过生成 Ti_2AlC_{1-x}在两个不同温度下的自由能：ΔG^θ（1300℃）$=-54.8\sim-49.6$ kJ·mol^{-1}和 ΔG^θ（1000℃）$=-65.9\sim-56.8$ kJ·mol^{-1}。可见，温度升高时，Ti_2AlC_{1-x}的 ΔG 负值的绝对值减小，说明上述的分析正确。因此从热力学上考虑，生成 Ti_3AlC_2的温度上限比生成 Ti_2AlC_{1-x}的温度上限宽。即高温不利于 Ti_2AlC_{1-x}的生成，而 Ti_3AlC_2在一定范围的高温内仍可生成。

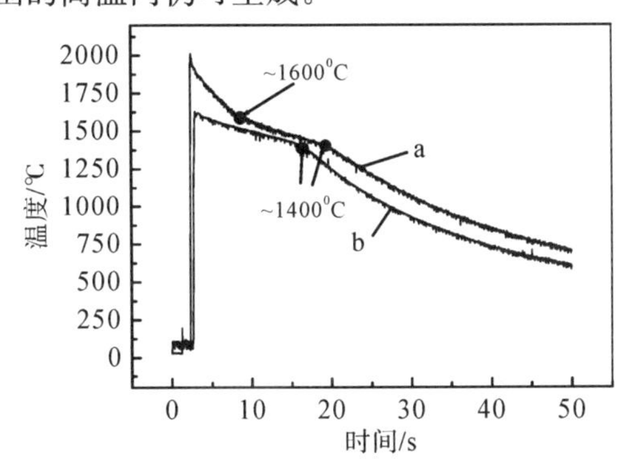

(a) Ti∶Al∶C=2∶1∶1；(b) Ti∶Al∶C=3∶1.5∶1

图 4-4　Ti-Al-C 燃烧反应体系的燃烧反应温度（℃）随时间（s）的变化关系

图 4-4 是燃烧反应体系温度随时间变化的关系。从图可看出：Ti∶Al∶C=2∶1∶1体系的燃烧反应温度从最高温度 2014.9℃到 1600℃，体系温度随时间

呈线性降低；1600～1400℃，变化平缓，近似呈“平台”；1400℃后体系温度下降均匀，见图 4-4(a)，可以看出，在 1400℃以前，是该体系的反应区间。实验结果表明，燃烧产物主晶相为 Ti_3AlC_2，而 Ti_2AlC_{1-x} 相为少量，同时还有较多 TiC。结合该实验结果和上述分析，可以推测：在大约 1600℃以上时，生成 Ti_3AlC_2 的自由能可能仍小于零（$\Delta G<0$），而生成 Ti_2AlC_{1-x} 的自由能 ΔG 可能已由小于零增大到接近于零或甚至大于零。所以 1600℃以上时，只有生成 Ti_3AlC_2 的反应发生，而未发生生成 Ti_2AlC_{1-x} 的反应，即生成 Ti_3AlC_2 的量远多于 Ti_2AlC_{1-x} 的生成量。此外，在 1450℃时，固体状态的 Ti_3AlC_2 就会分解。从图 4-4(a) 可看出，对 Ti∶Al∶C＝2∶1∶1 体系来说，其温度高于此分解温度的区间较宽，即 Ti_3AlC_2 和 Ti_2AlC_{1-x} 都会分解，因此燃烧产物中 TiC 较多。

Ti∶Al∶C＝3∶1.5∶1 体系的燃烧反应温度从最高温度 1638.8℃至 1400℃，温度随时间变化平缓；1400℃后，温度才迅速均匀降低，见图 4-4(b)，此反应区间，生成 Ti_2AlC_{1-x} 的 $\Delta G<0$，即可生成 Ti_2AlC_{1-x}。Pietzka 等研究表明，Ti_2AlC_{1-x} 的不相合熔点为 1625℃±10℃，在此温度以上时，Ti_2AlC_{1-x} 会分解：$Ti_2AlC_{1-x} \rightarrow L + TiC$。但燃烧反应的最高温度 1638.8℃与 Ti_2AlC_{1-x} 的不相合熔点 1625℃±10℃相吻合，而且在绝大部分的反应时间内，反应温度均在 1625℃以下，所以生成的 Ti_2AlC_{1-x} 基本不会分解，产物中 TiC 的量极少，即燃烧产物是单相 Ti_2AlC_{1-x}。

四、小结

(1) 利用元素粉末 Ti、Al 和 C 为原料，通过燃烧合成法得到了单相的三元碳化合物 Ti_2AlC_{1-x}。

(2) 按理想化学式 Ti_2AlC 的化学计量比配料，得到的燃烧合成产物主晶相是 Ti_3AlC_2 和较多量的 TiC 及少量 Ti_2AlC_{1-x}；按缺碳化学式 Ti_2AlC_{1-x} 的化学计量配料，得到单相的燃烧产物 Ti_2AlC_{1-x}。

(3) 反应温度高于 Ti_2AlC_{1-x} 的熔点，不利于 Ti_2AlC_{1-x} 生成；反应温度在其熔点附近，有利于 Ti_2AlC_{1-x} 生成。

第三节　TiC 对燃烧合成 Ti_2AlC 粉体的影响

本节研究以 Ti、Al 和炭黑单质粉末为原料，按 Ti_2AlC 的化学计量比为原料物质的量配比，添加 TiC 对燃烧合成 Ti_2AlC 的影响，并从动力学和热力学的角度分析了 TiC 对燃烧合成 Ti_2AlC 的影响机理。

一、实验方法

实验原材料为 Ti 粉、Al 粉、炭黑以及采用燃烧合成法自制的 TiC 粉，以 Ti∶Al∶C＝2∶1∶1 为原料物质的量配比，在保持总原料物质的量配比的前提下，分别添加 0wt.％、15wt.％、20wt.％和 25wt.％ 的 TiC，以无水乙醇为介质在行星式球磨机上将配料球磨 8 h，干燥后，将混合料冷压成约 50％理论密度的 ϕ30mm×45mm 试样，在氩气保护下以通电钨丝圈点燃反应物，同时利用 W/3％Re－W/25％Re 热电偶和计算机数据采集系统记录燃烧反应温度。采用 XRD 分析产物相组成，SEM 观察产物显微结构形貌。

二、TiC 对燃烧合成 Ti_2AlC 相组成的影响

图 4-5 是保持 Ti∶Al∶C＝2∶1∶1 情况下，在 Ti-Al-C 体系中添加不同 TiC 量后燃烧产物的 XRD 分析结果。图 4-5(a) 是未添加 TiC 燃烧产物的 XRD 结果，其主晶相为 Ti_3AlC_2，以及较多的 TiC 相和少量的 Ti_2AlC 相。该结果表明，按 Ti_2AlC 化学计量比配料，仅由 Ti、Al 和 C 单质粉末组成的 Ti-Al-C 燃烧合成反应体系，只能得到少量 Ti_2AlC 相；从图 4-5(b)～4-5(d) 为在 Ti-Al-C 体系中添加 15wt.％、20wt.％和 25wt.％TiC 后燃烧产物的 XRD 结果可知，产物主晶相由 Ti_3AlC_2 相变为 Ti_2AlC 相，Ti_3AlC_2 和 TiC 的含量都随 TiC 添加量的增加而急剧减少，尤其是 Ti_3AlC_2 相的衍射峰强度急剧锐减，表明添加 TiC 极有利于 Ti_2AlC 相的生成。此外，与未添加 TiC 的情况相比，添加 TiC 的产物中出现了 Ti_2AlC 理论相对强度为 18％的衍射峰（2θ＝39.76°），而 Ti_3AlC_2 理论相对强度较弱的许多衍射峰则消失了，表明添加了 TiC 后，Ti_2AlC 的含量大幅度增加。

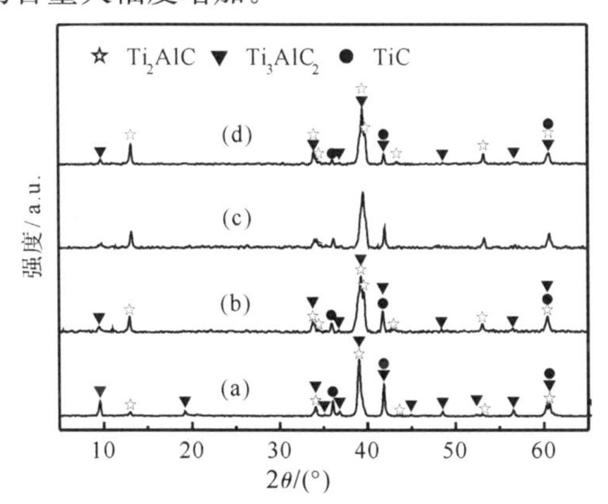

TiC 添加量：(a) 0wt.％；(b) 15wt.％；(c) 20wt.％；(d) 25wt.％

图 4-5　Ti-Al-C 体系燃烧合成产物的 XRD 谱图

采用无重叠衍射峰的 Ti_2AlC（002）晶面的衍射强度与 TiC（111）晶面

的衍射强度之比 F 值，定性表示 Ti-Al-C 体系燃烧合成产物 Ti_2AlC 的相对生成量。图 4-6 为不同 TiC 量与 Ti_2AlC 相对生成量（F 值）的关系，从图中可以看出，随着添加 TiC 量的增多，F 值逐渐增大，即 Ti_2AlC 的含量逐渐增多。可见，在 Ti-Al-C 体系中添加一定量 TiC 对燃烧合成 Ti_2AlC 的相组成会产生重要影响。该结果表明 TiC 是 Ti-Al-C 体系燃烧合成 Ti_2AlC 的中间反应物，它直接参加了生成 Ti_2AlC 的反应，与 Tomoshige 等关于 TiC 是直接参与燃烧反应合成 Ti_2AlC 的物质的观点一致。

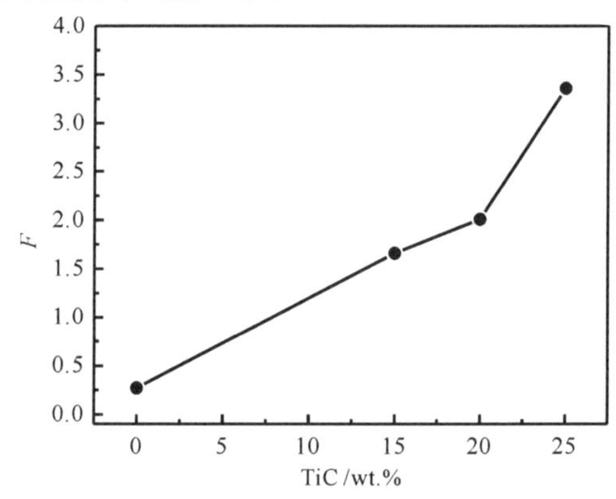

$F=I$（Ti_2AlC，002）/I（TiC，111）

图 4-6　TiC 含量对燃烧合成 Ti_2AlC 量（F）的关系

下面从热力学和动力学的角度探讨添加 TiC 对燃烧合成 Ti_2AlC 的影响机理。

第一，从化学动力学因素方面考虑。燃烧反应温度越高，燃烧波速率越大，反应速率也越快，燃烧反应所需的时间就越短。图 4-7 是燃烧温度随时间的变化曲线，图 4-7(a) 为未添加 TiC 体系，图 4-7(b) 为添加 25wt.%TiC 体系。①从升温曲线看：未添加 TiC 的体系，其升温曲线比添加了 TiC 的陡(见图 4-7 中右上方图)，说明未添加 TiC 体系，其燃烧反应的放热量比添加 TiC 的多，这与添加稀释剂会使燃烧反应温度降低一致；②从体系最高温度看：未添加 TiC 的体系，其燃烧反应最高温度为 2014.9℃，添加 25wt.%TiC 体系的最高燃烧温度为 1602.3℃，前者的燃烧温度比后者高得多，表明未添加 TiC 的 Ti-Al-C 燃烧反应体系的反应速率更快，这也与添加稀释剂会使燃烧反应温度降低一致；③从体系温度随时间的变化来看：首先，体系温度下降很快，说明燃烧合成反应是瞬间完成的，符合燃烧反应的特征。其次，未添加 TiC 的体系，在体系温度迅速下降后，出现了一个平台，说明在此区间有反应发生。经研究表明，此平台区间内主要是发生了生成 Ti_2AlC 的放热反应，此区间的温度基本对应于添加 25wt.%TiC 体系的燃烧反应温度。而添加 TiC 的体系，温度随时间则均匀下降，表明在最高燃烧反应温度后，反应已完成。

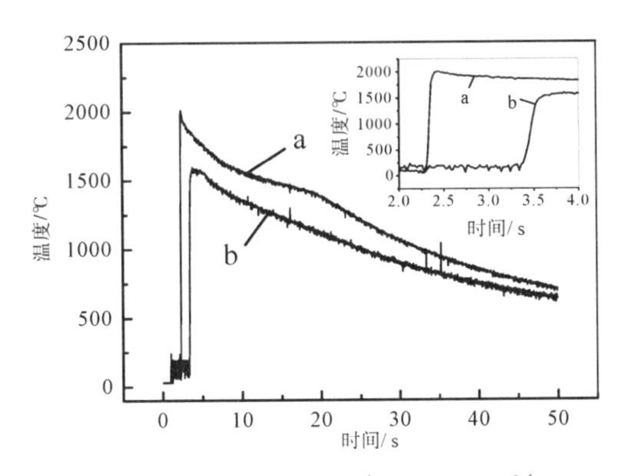

TiC 添加量：(a) 0wt.%；(b) 25wt.%

图 4-7　Ti-Al-C 燃烧反应体系的燃烧温度（℃）随时间（s）的变化关系

根据生成 Ti_2AlC 的机理，Ti 和 C 之间需要通过燃烧反应合成 TiC 后，才能进一步生成 Ti_2AlC，另一方面，燃烧反应体系温度降低速度极快，当降到生成 Ti_2AlC 所需的温度以下时，不能生成 Ti_2AlC。对于未添加 TiC 的体系，其燃烧温度（2014.9℃）很高，故燃烧反应速度很大，由图 4-7 可看出，温度下降也很快，从其燃烧产物中 TiC 含量相对较多来看，TiC 的生成量相对于同时生成 Ti_2AlC 的需要量滞后，即 Ti_2AlC 的生成量少，TiC 则相对较多；当加入 TiC 时，反应体系中有较多的 TiC，只要达到反应温度就可以直接反应生成 Ti_2AlC，据反应动力学原理可知，TiC 的浓度大，反应生成 Ti_2AlC 的速度就快，相应生成 Ti_2AlC 的量多。此外，反应体系温度的降低，也使 Al 蒸发损失量减少，从而有利于燃烧合成 Ti_2AlC。

第二，从化学热力学原理考虑：图 4-8 是不同 TiC 添加量与燃烧反应温度的关系。从图可以看出，燃烧反应温度随着 TiC 加入量的增加而呈近似线性降低，在实验中也观察到燃烧反应产物的体积与原料素坯体积相比，其收缩程度随 TiC 添加量的增多而减小。图 4-9 表示的是体系燃烧反应温度与 F 值的关系，可以看出，Ti_2AlC 的相对生成量（F 值）随温度升高而降低。

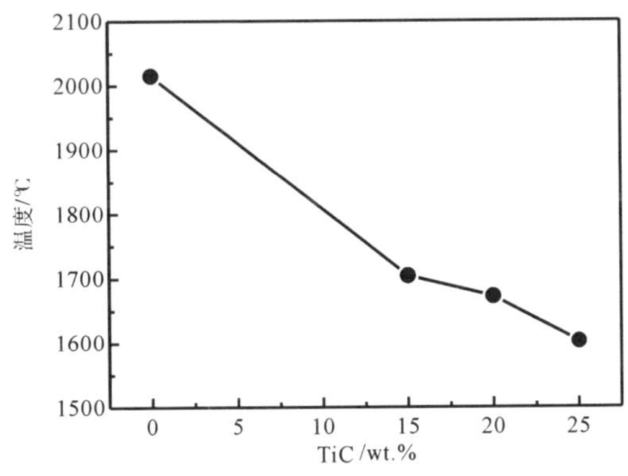

图 4-8　TiC 含量与燃烧反应温度的关系

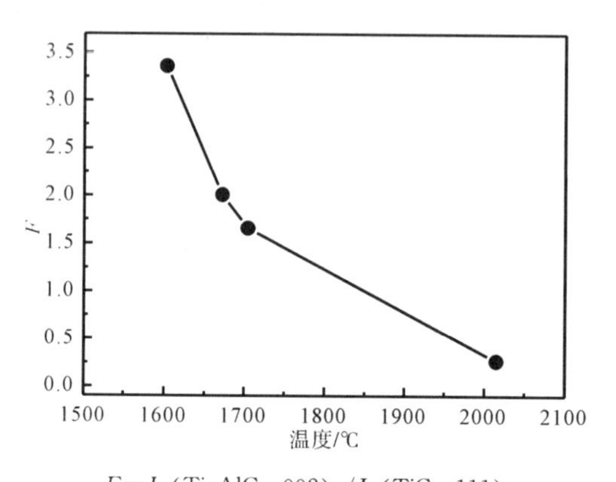

$F=I$（Ti_2AlC，002）$/I$（TiC，111）

图 4-9　燃烧反应温度与 F 值的关系

Pietzka 等研究表明，Ti_2AlC 不相合熔点为1625℃±10℃，在 1625℃±10℃以上时，Ti_2AlC 就会分解：$Ti_2AlC_{1-x} \rightarrow L+TiC$。未加入 TiC 的燃烧反应温度为 2014.9℃，远高于 Ti_2AlC 的分解温度，即生成 Ti_2AlC 的量很少，而 TiC 的量较多。Pietzka MA 等曾估算过 1300℃时生成 Ti_2AlC 和 Ti_3AlC_2 的自由能：ΔG^{θ}（1300℃，Ti_2AlC）$=-54.8 \sim -49.6\ kJ \cdot mol^{-1}$ 和 ΔG^{θ}（1300℃，Ti_3AlC_2）$=-68.7 \sim -63.2\ kJ \cdot mol^{-1}$，且随着燃烧温度的升高，$\Delta G$ 将随之增大。从理论上看，Ti_2AlC 的 ΔG 随温度升高由负值逐渐增大到零，即 $\Delta G=0$ 时；生成 Ti_3AlC_2 的 ΔG 应仍小于零，即 $\Delta G<0$。因此从热力学上考虑，生成 Ti_3AlC_2 的温度上限比生成 Ti_2AlC 的温度上限宽。即高温不利于 Ti_2AlC 的生成，而 Ti_3AlC_2 在一定的高温范围内仍可生成。即在燃烧温度为 2014.9℃的高温下，仍有较多的 Ti_3AlC_2 生成，另一方面，Ti_3AlC_2 的分解温度为 1450℃左右，生成的 Ti_3AlC_2 也将部分分解。

对于添加 TiC 的燃烧反应体系，加入的 TiC 实际上是具有稀释剂和中间反应物双重角色。随着稀释剂 TiC（0wt.%～25wt.%）的加入，燃烧反应温度逐渐降低，见图 4-8。显然，燃烧反应中生成的 Ti_2AlC 的分解率将会逐渐减小，越接近 Ti_2AlC 的不相合熔点，其分解率越小。另一方面，添加的 TiC 也是一种燃烧合成 Ti_2AlC 的中间反应物，在生成 Ti_2AlC 的适宜燃烧反应温度范围内，由于 TiC 浓度的增大，瞬间的反应平衡向生成 Ti_2AlC 的方向移动。因此随着添加 TiC 量的增加和体系燃烧反应温度的降低，生成 Ti_2AlC 的量逐渐增多，产物中 TiC 的量则减少。至于在添加 TiC 的产物中，生成 Ti_3AlC_2 相的量显著减少，其原因可能主要是原料组分配比以及燃烧温度等有利于生成 Ti_2AlC 相。

三、Ti_2AlC 的显微结构形貌

图 4-10 是燃烧产物的 SEM 形貌图，基本为层状显微结构。图 4-10(a) 为

未添加 TiC 的情况，产物主要为层状，同时在层状物中有较多的颗粒状物，结合 XRD 分析结果可以确定层状物主要为 Ti_3AlC_2，颗粒状为 TiC；图 4-10(b)～4-10(d) 为分别添加 15wt.％、20wt.％和 25wt.％TiC 时，燃烧产物的显微结构形貌图，产物显微结构都为层状，颗粒物极少，基本观察不到。结合 XRD 结果可知，层状物主要为 Ti_2AlC，颗粒状为 TiC。从图可以看出，随着添加 TiC 量的增加，层状物 Ti_2AlC 逐渐发育良好，层状物层次清晰，但层状物的片层大小逐渐减小，这与形核增多，晶粒变小一致。

TiC 添加量：(a) 0wt.％；(b) 15wt.％；(c) 20wt.％；(d) 25wt.％

图 4-10 燃烧合成产物显微结构照片

四、结论

(1) 以 Ti、Al 和碳单质粉末为原料，按 Ti_2AlC 化学式计量比组成的 Ti-Al-C 燃烧合成反应体系，燃烧产物主晶相为 Ti_3AlC_2，只能得到少量 Ti_2AlC，同时还有较多 TiC。

(2) 在 Ti∶Al∶C＝2∶1∶1 体系中，添加 TiC 后，对燃烧合成 Ti_2AlC

的相组成影响很大，Ti_2AlC 的含量随 TiC 的增加而增多，而 TiC 的含量则逐渐减少。

（3）在一定的温度范围内，Ti-Al-C 燃烧反应体系温度越低，生成的 Ti_2AlC 量越多。

（4）TiC 是 Ti-Al-C 体系燃烧合成 Ti_2AlC 的中间物质。

第四节 **TiAl** 对燃烧合成 **Ti_2AlC** 的影响

一、实验方法

实验原材料为 Ti 粉、Al 粉、炭黑以及采用燃烧合成法自制的金属间化合物 TiAl 粉末，按化学式 Ti_2AlC 化学计量比配料，在保持其化学计量比不变的前提下，分别添加 0wt. %，20wt. %，30wt. %和 35wt. %的 TiAl，以无水乙醇为介质在行星式球磨机上球磨 8h。干燥后，将混合料冷压成约达 50%理论密度的 ϕ30mm×45mm 试样，在氩气保护下以通电钨丝圈点燃反应物，同时采用 W/3%Re－W/25%Re 热电偶和计算机数据采集系统相连结记录燃烧反应温度，用 X 射线衍射仪分析产物的晶相组成。

二、燃烧合成产物的物相分析

图 4-11 为燃烧产物的 XRD 谱图。由图 4-11 可见：未添加金属间化合物 TiAl 燃烧产物中的主晶相为 Ti_3AlC_2，而 Ti_2AlC 相的量很少，此外，产物中还有少量 TiC 和不能确定的未知衍射峰（$2\theta=11.2°$），见图 4-11(a)。利用 1999 年版的 PCPDFWIN 卡片分别检索 Ti-Al-C-O 体系的单元相、二元相、三元相和四元相的物质衍射峰，都没有确证未知衍射峰的归属，疑为新物相。图 4-11(b) ～4-11(d) 分别为添加 20wt. %，30wt. %和 35wt. %金属间化合物 TiAl 代替 Ti 和 Al 后燃烧合成产物的 XRD 谱图，主晶相都为 Ti_3AlC_2，产物中仍有较弱的 TiC 衍射峰和未知的衍射峰。与未添加 TiAl 的燃烧产物相比，Ti_2AlC 衍射峰强度略有增加，但随 TiAl 量的增加变化不大。TiC 和未知衍射峰的强度则随 TiAl 量的增加而逐渐减少，添加 35wt. %TiAl 的燃烧产物中 TiC 衍射峰已非常弱。说明在体系中加入金属间化合物 TiAl 有利于燃烧合成 Ti_3AlC_2，但对燃烧合成 Ti_2AlC 基本没有影响。

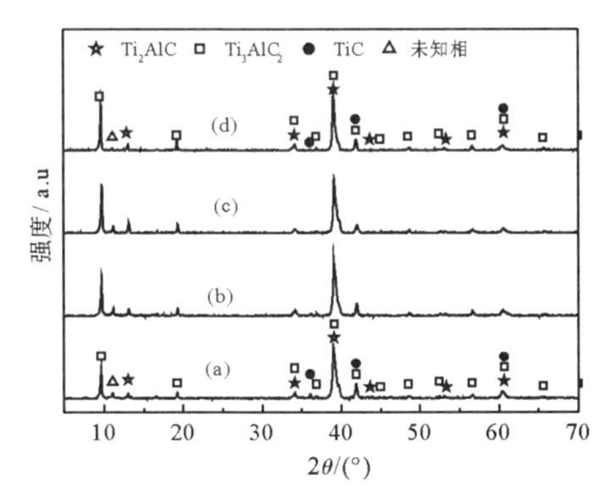

TiAl 添加量：(a) 0wt. %；(b) 20wt. %；(c) 30wt. %；(d) 35wt. %

图 4-11　Ti-Al-C 体系燃烧合成产物的 XRD 谱图

三、TiAl 对燃烧合成速率的影响

自蔓延高温合成是一种远离非平衡状态的非均匀体系快速燃烧反应，燃烧波过后产物体系的温度迅速下降，见图 4-12，燃烧反应中生成的各物相组成和含量一般不会发生变化，因此，对于在同一体系中同时有两种及其以上燃烧产物生成的燃烧反应体系来说，燃烧产物中各物相的相对含量代表了产物的相对反应生成速率。

根据化学动力学基本原理，增加反应物浓度会加快反应速率。对复杂反应来说，反应总速率是由反应速率最慢的基元反应决定。根据质量作用定律，基元反应的速率跟反应物浓度的指数幂的乘积成正比。在燃烧合成原料 Ti、Al 和 C 为 Ti_2AlC 的化学计量比时，添加 TiC 后，一方面燃烧反应速率减慢，另一方面，产物中 Ti_2AlC 的含量随 TiC 增加而增加，表明 TiC 具有稀释剂和反应中间物质的双重作用，即燃烧合成 Ti_2AlC 的反应是复杂反应。

由图 4-11 的 XRD 谱图可知：Ti-Al-C 体系的燃烧合成产物中始终主要有 Ti_2AlC、Ti_3AlC_2 等物质，也就是说，在 Ti-Al-C 燃烧反应体系中存在生成 Ti_2AlC、Ti_3AlC_2 等的平行反应，Ti_2AlC 和 Ti_3AlC_2 的生成量与其生成速率大小有关。在仅以 Ti 粉、Al 粉和炭黑为原料时，生成 Ti_3AlC_2 的反应速率大于 Ti_2AlC 的生成反应速率，见图 4-11(a)。在 Ti-Al-C 反应体系中，以金属间化合物 TiAl 替代原料中 Ti 和 Al 后，燃烧产物中 Ti_2AlC 的含量基本没有变化，但原产物中的另一物质 Ti_3AlC_2 的含量随 TiAl 的增加而增加，说明金属间化合物 TiAl 不是燃烧合成 Ti_2AlC 的关键中间物质，即不是控速基元反应的反应物，TiAl 对生成 Ti_2AlC 的燃烧反应速率无影响，但却是燃烧合成 Ti_3AlC_2 的关键中间物质，可加快生成 Ti_3AlC_2 的反应速率。因此，燃烧合成 Ti_2AlC 和 Ti_3AlC_2 的机理不同。

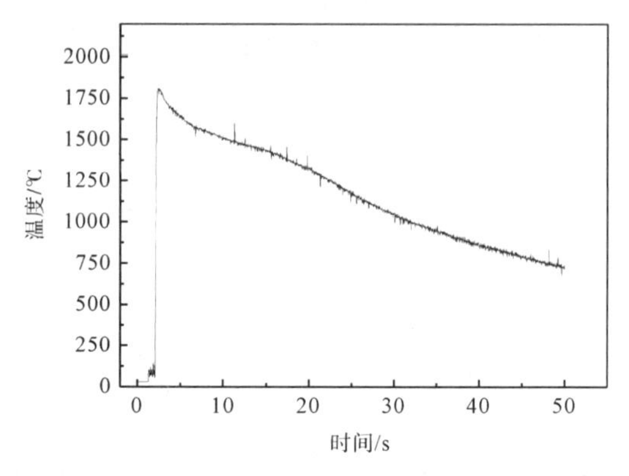

图 4-12　添加 20wt. % TiAl 的 Ti-Al-C 燃烧反应体系的燃烧温度

四、燃烧温度对燃烧合成 Ti_2AlC 的影响

图 4-13 为添加 TiAl 的质量分数与 Ti-Al-C 体系燃烧反应温度的关系。由图 4-13 可见：随 TiAl 含量增加，燃烧温度逐渐降低。这是因为加入燃烧反应体系的 TiAl 在燃烧合成金属间化合物 TiAl 时已放出了部分热量，TiAl 具有稀释剂的作用，所以，添加 TiAl 越多，燃烧反应温度越低。实验中测得，只用单质粉体 Ti、Al 和炭黑的体系的燃烧温度为 2014.9℃，但添加35wt. % TiAl 后燃烧温度为 1687℃。

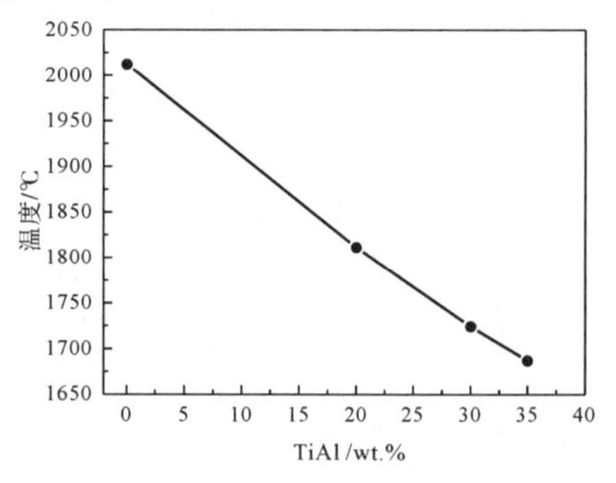

图 4-13　TiAl 含量与燃烧反应温度的关系

从本实验的燃烧合成过程可知：Ti-Al-C 体系的燃烧反应为放热反应 $\Delta H<0$，另一方面，由 Ti、Al 和炭黑及部分 TiAl 粉体燃烧合成 Ti_3AlC_2 和 Ti_2AlC 的过程是熵减的过程 $\Delta S<0$，此外，本燃烧反应都可以进行，说明燃烧反应的 $\Delta G<0$。据化学热力学公式 $\Delta G=\Delta H-T\Delta S$ 可判断，ΔG 随燃烧温度升高而增大。Ti_3AlC_2 和 Ti_2AlC 在 1300℃ 的 Gibbs 生成自由能分别为 ΔG^θ（Ti_3AlC_2）$=-68.7\sim-63.2\ \mathrm{kJ\cdot mol^{-1}}$ 和 ΔG^θ（Ti_2AlC）$=-54.8\sim-49.6\ \mathrm{kJ\cdot mol^{-1}}$，$Ti_3AlC_2$ 和 Ti_2AlC 的 ΔG^θ 负值的绝对值都很大，Ti_3AlC_2 的生成 Gibbs 自由能比 Ti_2AlC 的小。所以，温度较低时，不会改变 Ti-Al-C

燃烧合成 Ti_3AlC_2 和 Ti_2AlC 反应的 ΔG 符号，但温度很高时会改变 ΔG 的符号，导致生成 Ti_3AlC_2 和 Ti_2AlC 的反应不能进行。从上述 Ti_3AlC_2 和 Ti_2AlC 的 Gibbs 生成自由能看，随温度升高生成 Ti_2AlC 反应的 ΔG 首先为零，即 $\Delta G=0$ 时，Ti_3AlC_2 的生成自由能仍为负值（$\Delta G<0$）。因此，从化学热力学看，生成 Ti_3AlC_2 的温度上限比生成 Ti_2AlC 的温度上限高。只有单质粉末原料体系的燃烧反应温度为 2014.9℃，从图 4-11(a) 的 XRD 结果可知，此时生成 Ti_3AlC_2 的 $\Delta G<0$，而生成 Ti_2AlC 的 ΔG 可能接近 0 或大于 0，即此温度时，仍可生成 Ti_3AlC_2，但生成 Ti_2AlC 的反应程度很小。因 TiAl 不是生成 Ti_2AlC 的关键中间反应物，在原料中加入金属间化合物 TiAl 后，TiAl 仅具有稀释剂作用，可使燃烧反应温度降低，有利于生成 Ti_2AlC 物质；Pietzka MA 等研究表明，Ti_2AlC 不相合熔点为 1625℃±10℃，在 1625℃±10℃ 以上温度时，Ti_2AlC 就会分解：$Ti_2AlC_{1-x} \longrightarrow L + TiC$。添加 35wt.%TiAl 时，燃烧温度为 1684.9℃，高于 Ti_2AlC 不相合熔点，所以即使生成 Ti_2AlC，大部分也会分解，即添加 TiAl 后产物中 Ti_2AlC 的含量仅略有增加。

五、小结

(1) 以单质粉末 Ti、Al 和炭黑为原料，按 Ti_2AlC 化学计量比配料不添加或添加 TiAl（20wt.%～35wt.%），燃烧合成产物的主晶相都为 Ti_3AlC_2，只得到少量 Ti_2AlC，Ti_3AlC_2 量随添加 TiAl 量增加而增加，而 Ti_2AlC 相的含量基本不变。

(2) 生成 Ti_2AlC 和 Ti_3AlC_2 的反应是 Ti-Al-C 燃烧反应体系中的平行反应，生成 Ti_3AlC_2 的速率大于生成 Ti_2AlC 的速率。

(3) 金属间化合物 TiAl 对生成 Ti_2AlC 的燃烧反应速率无影响，TiAl 不是燃烧合成 Ti_2AlC 控速反应的反应物，但可加快生成 Ti_3AlC_2 的反应速率，是燃烧合成 Ti_3AlC_2 控速反应的反应物之一。

第五节　C 含量对燃烧合成 Ti_2AlC 粉体的影响

本节以 Ti、Al 和炭黑粉末为原料，研究 C 含量对燃烧合成 Ti_2AlC 粉体的影响，并从反应物原料物质的量配比和热力学原理角度，探讨不同 C 含量对燃烧产物组成的影响机理。

一、实验方法

实验原材料为 Ti 粉、Al 粉和炭黑粉，用无水乙醇为介质在行星式球磨机上球磨 8 h，干燥后，将混合料冷压成约达 50 %理论密度的 ϕ30mm×50mm

试样，在氩气保护下以通电钨丝圈点燃反应物，同时采用 W/3%Re－W/25%Re 热电偶和计算机数据采集系统相连结记录燃烧反应温度。XRD 分析产物相组成，SEM 观察产物显微结构形貌。

二、实验结果

1. 燃烧合成产物的 XRD 分析结果

图 4-14 是固定 Ti、Al 物质的量之比为 2∶1，改变 C 含量（14.3at.%～25at.%）时，燃烧合成产物的 XRD 谱图。XRD 分析结果表明，C 含量对 Ti-Al-C体系燃烧合成 Ti_2AlC 影响很大。图 4-14(a) 和 4-14(b) 是C的物质的量为 0.5mol 和 0.6mol 时燃烧产物的 XRD 分析结果，产物物相有 Ti_2AlC、TiC、$AlTi_3$和 TiAl，相对含量以 Ti_2AlC、$AlTi_3$和 TiC 较多，TiAl 较少，但产物主晶相为 Ti_2AlC。图 4-14(b) 的主晶相是 Ti_2AlC；图 4-14(c) 和图 4-14(d)为 C 的物质的量是 0.7mol 和 0.8mol 时燃烧产物的 XRD 分析结果：燃烧产物物相只有 Ti_2AlC 和 TiC，在图 4-14(a) 和 4-14(b) 出现的 $AlTi_3$和 TiAl 衍射峰已消失。燃烧产物以 Ti_2AlC 为主晶相，TiC 的衍射峰强度比图 4-14(a)和 4-14(b) 的弱得多，理论相对衍射峰强度为 80%的 TiC (111) 晶面 (2θ=35.9°) 的衍射峰强度在图 4-14(c) 和 4-14(d) 中都只有约 10%；图 4-14(e) 的燃烧产物中除 Ti_2AlC 和 TiC 外，还出现了极少量的另一种三元碳化合物 Ti_3AlC_2，但主晶相仍为 Ti_2AlC，TiC 的量比图 4-14(c) 和 4-14(d) 少得多；图 4-14(f) 的燃烧产物物相有 Ti_2AlC、Ti_3AlC_2和 TiC，但 Ti_2AlC 的衍射峰强度已很弱，其主晶相为 Ti_3AlC_2，此外，TiC 的衍射峰强度变得比其他各燃烧产物中的都强。

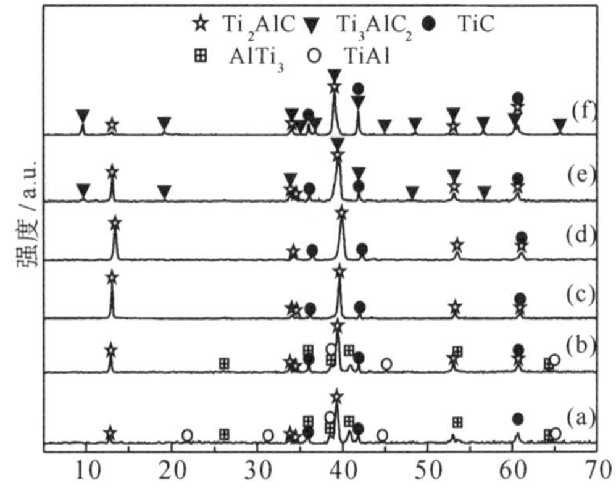

体系中 C 的物质的量：(a) 0.5mol；(b) 0.6mol；(c) 0.7mol；(d) 0.8mol；(e) 0.9mol；(f) 1mol

图 4-14 Ti-Al-C 体系燃烧产物的 XRD 谱图

2. 燃烧合成产物的微观结构形貌

图 4-15 是具有代表性的燃烧合成产物的显微结构形貌 SEM 图。从图中可以看出，各燃烧产物的微观结构形貌都有层状结构，结合 XRD 分析结果，层状物质是 Ti_2AlC 或 Ti_3AlC_2，颗粒为 TiC。但各燃烧产物的微观形貌有明显的差别：图 4-15(a) 为 C 含量 0.5mol 时的燃烧产物的 SEM 图，有较多的层状结构以及其他非层状物，层状物为 Ti_2AlC；图 4-15(b)～4-15(d) 均基本为层状结构物，且层状形态较好，XRD 分析结果表明，图 4-15(b) 和 4-15(c) 的层状物是 Ti_2AlC，图 4-15(d) 是 Ti_3AlC_2 和 Ti_2AlC 相混的层状物，但以 Ti_3AlC_2 为主晶相。SEM 观察的结果与 XRD 分析结果一致。

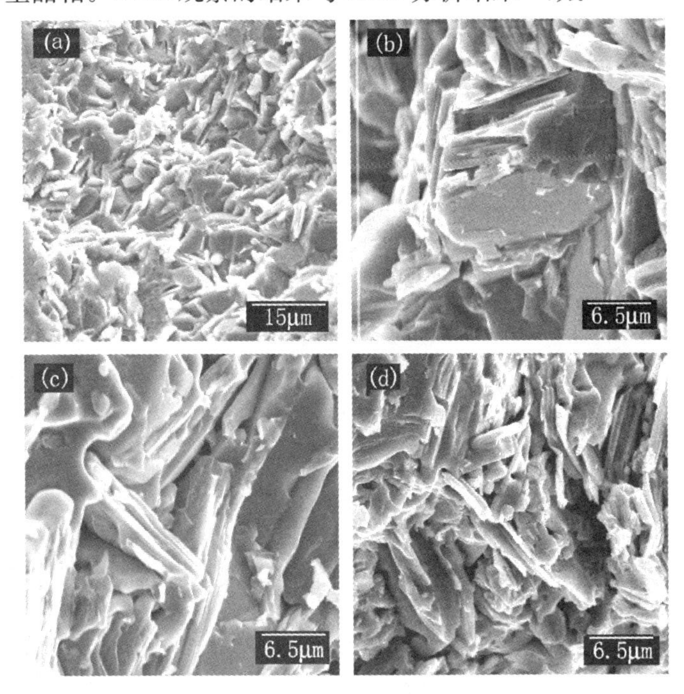

Ti∶Al∶C 物质的量之比：(a) 2∶1∶0.5；(b) 2∶1∶0.7；(c) 2∶1∶0.8；(d) 2∶1∶1

图 4-15 燃烧合成产物显微结构照片

三、实验结果分析

1. 组成配比对燃烧合成 Ti_3AlC_2 的影响

Jeitschko W 等研究表明，在 Ti_2AlC 的“理想”晶体结构中，Ti∶Al∶C 的原子比为 2∶1∶1，即其化学式为 Ti_2AlC。但 Pietzka MA 等用化学方法分析 Ti_3AlC_2 和 Ti_2AlC 中的 C 含量时，假定 Ti∶Al 物质的量之比分别为 3∶1 和 2∶1，C 分析结果表明，两种三元碳化合物都是缺碳化合物，确定其化学式分别为 $Ti_3AlC_{1.9}$ 和 $Ti_2AlC_{0.69}$。对照起始原料物质的量配比组成与图 4-14

的 XRD 分析结果，可看出：实验中所采用的原料物质的量配比在 $Ti_2AlC_{0.69}$ 的非化学计量比左右的原料配方，其燃烧产物中 Ti_2AlC 的衍射峰强，其中以图 4-14(c) 和 4-14(d) 的衍射峰最强，原料物质的量配比偏离 $Ti_2AlC_{0.69}$ 的非化学计量比越多，Ti_2AlC 的衍射峰强越弱。因此随 C 量的逐渐增加，Ti_2AlC 的衍射峰强度表现出近似对称分布，如 Ti_2AlC 的（002）晶面（$2\theta=13°$）的衍射峰强度变化。

当 C 含量增加到 Ti、Al 和 C 物质的量之比偏离 $Ti_2AlC_{0.69}$ 的非化学计量比较大时，如图 4-14(e) 和 4-14(f)，在其燃烧产物中出现了 Ti_3AlC_2 相，并随 C 量增加，Ti_3AlC_2 的衍射峰强度增强。若将图 4-14(e) 和 4-14(f) 的起始原料物质的量组成配比改写为：2∶1∶0.9＝3∶1.5∶1.35 和 2∶1∶1＝3∶1.5∶1.5，可以发现，随 C 量的增加，Ti 与 C 的物质的量之比与 $Ti_3AlC_{1.9}$ 的越接近。已有研究表明，不同的 Ti、C 物质的量之比对 Ti-Al-C 体系燃烧合成产物组成影响极大，而 Al 含量对燃烧合成产物组成影响较小。因此在这两者的燃烧产物中出现了 Ti_3AlC_2 相，并随 C 量的增加 Ti_3AlC_2 的衍射峰强度增强。对于图 4-14(a) 和 4-14(b) 中出现的 $AlTi_3$ 和 TiAl，是由于起始原料中 Ti 和 Al 含量相对生成产物 $Ti_2AlC_{0.69}$ 的非化学计量比过量较多所至，随 C 含量的增加，Ti 和 Al 相对含量减少，$AlTi_3$ 和 TiAl 在燃烧产物中逐渐减少直至消失。若以 Ti_2AlC 的（002）晶面的衍射峰强度与 TiC（111）晶面的衍射强度之比（F 值）表示各燃烧产物中生成 Ti_2AlC 的相对量，作 F 值随 C 含量变化的关系图，见图 4-15，从图可以看出，F 值与 C 含量变化的关系与上述讨论一致：生成 Ti_2AlC 的相对量，即 F 值随 C 含量的增加近似呈对称分布。

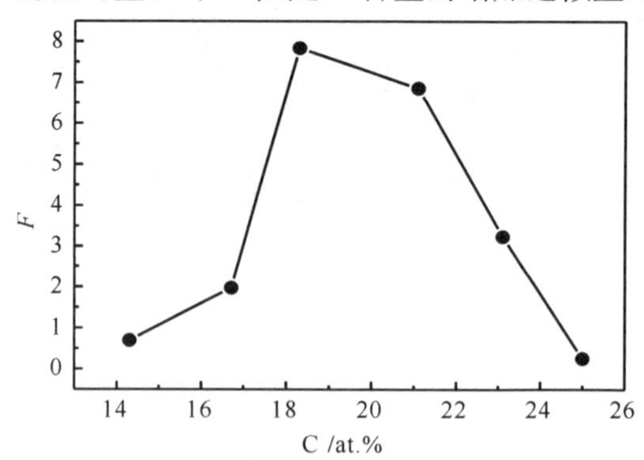

$F=I\ (Ti_3AlC_2,\ 002)\ /I\ (TiC,\ 111)$

图 4-15　C 含量（at. %）与 F 值的关系

2. 燃烧反应温度对燃烧合成 Ti_2AlC 的影响

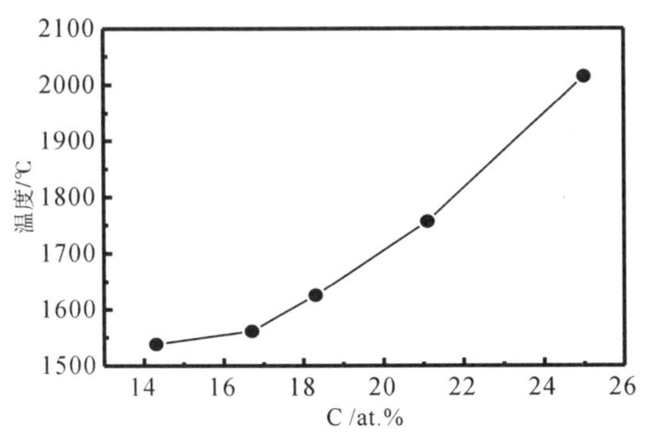

图 4-16　燃烧反应温度与 C 含量的关系

Ti_2AlC 和 Ti_3AlC_2 在 1300℃的 Gibbs 生成自由能分别为 ΔG^θ（Ti_2AlC）＝－54.8～－49.6 kJ·mol^{-1} 和 ΔG^θ（Ti_3AlC_2）＝－68.7～－63.2 kJ·mol^{-1} 均为负值，且绝对值较大，因此生成 Ti_2AlC 和 Ti_3AlC_2 的反应能自发进行。另一方面，从由单质粉末组成的 Ti-Al-C 反应体系中各组分间的相互可能反应（如二元组分的反应：Ti-Al，Ti-C，Al-C 等）的情况来看，在 1000℃以上时，生成 Gibbs 自由能以 TiC 的最小：

$$\Delta G^\theta (TiAl_3) = -1.832148\times10^5 + 64.277406T$$

$$\Delta G^\theta (Al_4C_3) = -2.6571774\times10^5 + 95.07929T$$

$$\Delta G^\theta (TiC) = -1.887399\times10^5 + 15.439937T$$

而其生成热 $\Delta_f H^\theta$（TiC，1327℃）＝－188.8 kJ·mol^{-1} 又较大，因而 TiC 较易生成，同时放出的热量很多。我们的一系列研究表明，Ti 与 C 反应生成 TiC 放出的热量是维持体系燃烧的主要原因，即 TiC 是 Ti-Al-C 燃烧反应体系燃烧合成 Ti_2AlC 的中间物质。而反应生成金属间化合物 TiAl 放出的热量不是维持燃烧反应持续进行的主要原因。本实验结果也表明，固定 Ti∶Al＝2∶1（物质的量之比），燃烧反应温度将随体系中含 C 量的增加而升高，且 Ti∶C比越接近 1∶1，燃烧反应体系的燃烧反应温度越高，见图 4-16。可见 TiC 是燃烧合成 Ti_2AlC 或 Ti_3AlC_2 的中间反应物质，Ti_2AlC 是由 TiC 和熔融的金属间化合物 Ti-Al 直接反应生成：反应生成的 TiC 溶解于熔融的金属间化合物 Ti-Al 中，然后从中析出 Ti_2AlC。因此燃烧反应产物中通常有 TiC。

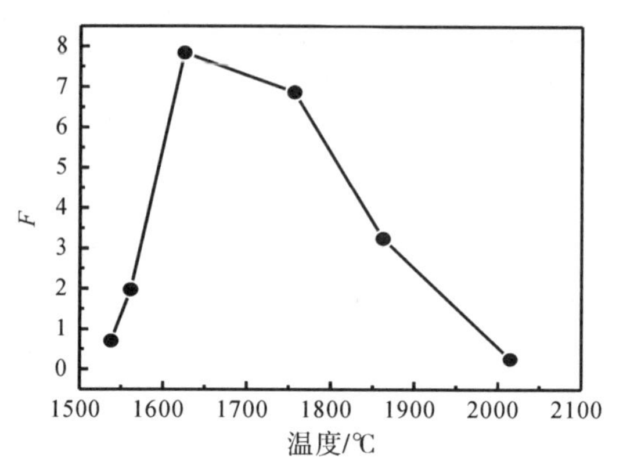

图 4-17　燃烧反应温度与 *F* 值的关系

图 4-17 是燃烧反应温度与 *F* 值的关系。*F* 值随燃烧反应温度升高而近似呈对称分布，与 *F* 值和 C 含量的关系相似。*F* 值较大对应的燃烧反应温度为 1600～1800℃。已有研究表明，Ti_2AlC 在 1625℃±10℃会不相合熔化分解为 L+TiC。实验测得图 4-14（c）和 4-14（d）配方的燃烧反应温度分别为 1625.3℃和 1756.8℃，与 Ti_2AlC 的熔化分解温度 1625℃基本一致，所以这两种燃烧反应产物的主晶相都是 Ti_2AlC。燃烧反应温度太低，达不到生成 Ti_2AlC 的条件，燃烧反应温度太高，Ti_2AlC 分解率增加，甚至不能生成，所以反应温度远离 1625℃时，燃烧产物的主晶相不是 Ti_2AlC。在一定温度范围内，随反应温度升高，由于 Ti_2AlC 分解率增加，使得 TiC 的衍射峰强度略有增强。

四、小结

（1）C 含量和燃烧反应温度对 Ti-Al-C 体系燃烧合成 Ti_2AlC 粉体影响很大。随着 C 含量的增加，Ti_2AlC 相的含量逐渐增加；C 含量再增加到一定程度时，Ti_2AlC 相的含量逐渐减少，Ti_2AlC 相的含量近似呈对称分布；随燃烧反应温度的升高，Ti_2AlC 相的含量变化规律与随 C 量变化基本一致。

（2）当固定 Ti∶Al 为 2∶1，原料中 C 的物质的量在 0.7～0.8mol，得到的燃烧合成中产物以 Ti_2AlC 相最多。

参考文献

Jeitschko W，Nowotny H ，Benesovky F. 1963. Carbon containing ternary compounds（H-Phase）[J]. Monotsch Chem，94：672－676.

Hug G，Fries E. 2002. Full－potential electronic structure of Ti_2AlC and Ti_2AlN[J]. Physical Review B，65（11）：113104－113107.

Zhou Y C, Sun M. 2000. Electronic structure and bonding properties of layered machinable Ti_2AlC and Ti_2AlN ceramics[J]. Physical Review B, 61 (19): 12570－12573.

Barsoum M W, Crossley A, Myhra S. 2002. Crystal-chemistry from XPS analysis of carbide－derived $M_{n+1}AX_n$ (n=1) nano-laminate compounds[J]. Journal of Physics and Chemistry of Solids, 63: 2063－2068.

Matar S F, Petiteorps Y L, Etourneau J. 1997. Local density functional calculations of the electronic structures of Ti_2AlC and Ti_3AlC[J]. Journal of Materials Chemistry, 7 (1): 99－103.

Matar S F, Petiteorps Y L, Etourneau J. 1998. Ab initio study of the chemical role of carbon with in TiAl alloy system: application to composite materials[J]. Computational Materials Science, 10 (1－4): 314－318.

Barsoum M W, Ali M, El－Raghy T. 2000. Processing and characterization of Ti_2AlC, Ti_2AlN, and $Ti_2AlC_{0.5}N_{0.5}$[J]. Metall Mater Trans A, 31A (7): 1857－1865.

Barsoum M W, Brodkin D T, El－Raghy T. 1997. Layered machinable ceramics for high temperature applications[J]. Scripta Mater, 36 (5): 535－541.

Zhou Y C, Wang X H, Chen S Q, et al. 2001. Ab initio geometry optimization and ground state properties of layered ternary carbides Ti_3MC_2 (M=Al, Si and Ge) [J]. J Phys Condensed Matter, 13 (44): 10001－10010.

Wang X H, Zhou Y C. 2002. Intermediate－temperature oxidation behavior of Ti_2AlC in air[J]. J Mater Res, 11 (17): 2974－2981.

郭俊明，陈克新，葛振斌，等. 2003. 燃烧合成三元碳化合物 Ti_2AlC_{1-x}[J]. 稀有金属材料与工程，32 (12): 1029－1032.

Pietzka M A, Schuster J C. 1994. Summary of constitutional data on the aluminum-carbon-titanium system[J]. Journal of Phase Equilibria, 15 (4): 392－400.

郭俊明，陈克新，葛振斌，等. 2003. 添加 TiC 对燃烧合成 Ti_2AlC 粉体的影响[J]. 金属学报，39 (3): 315－319.

Tomoshige R, Matsushita T. 1996. Production of titanium－aluminum－carbon ternary composites with dispersed fine TiC particles by pombustion synthesis and their microstructure[J]. Journal of the Ceramic Society of Japan, 104 (2): 94－100.

郭俊明，刘贵阳，王锐，等. 2010. TiAl 对燃烧合成 Ti_2AlC 的影响[J]. 硅酸盐学报，38 (8): 1489－1492.

第五章　燃烧合成 Ti_3AlC 粉体

第一节　引　　言

Ti_3AlC 是 Ti-Al-C 系三元碳化合物（Ti_3AlC、Ti_3AlC_2 和 Ti_2AlC）之一，属钛酸钙型的针状或棒状结构。Jeitschko 等首次利用 Ti 粉、石墨粉和 Al 粉在 1500℃采取热压方法，并于 750℃退火 500h 得到 Ti_3AlC，Ti_3AlC 的结构是空间群 *Pm3m* 的立方晶系，晶格参数 $a=0.4156nm$。与 Ti-Al-C 体系三元碳化合物 Ti_3AlC_2 和 Ti_2AlC 一样，Ti_3AlC 是兼备金属和陶瓷特点的材料，有良好的导热性和导电性，其研磨性比 SiC、Al_2O_3、B 和碳氮的过渡金属物质等优良，是优异的研磨料。Ti_3AlC 的制备较为困难，目前主要是利用电弧熔化或热压法制取，得到的产物一般为复相，其中含有较多其他物质，如 TiC、$AlTi_3$ 等。

第二节　C 含量对燃烧合成 Ti_3AlC 粉体的影响

本节利用 Ti、Al 和炭黑粉为原料，研究了固定 Ti∶Al=3∶1（物质的量之比），改变 C 含量时，对 Ti-Al-C 体系常温燃烧合成 Ti_3AlC 的影响，并从组成配比和热力学的角度探讨了不同 C 含量对燃烧产物相组成的影响机理。

一、实验方法

实验原材料为 Ti 粉、Al 粉和炭黑粉，在 Ti-Al-C 体系中固定 Ti∶Al=3∶1物质的量之比，然后分别添加 0.5mol、0.6mol、0.7mol、0.8mol、0.9mol 和 1.0mol 炭黑，以无水乙醇为介质将物料在行星式球磨机上球磨混匀 8h，干燥后，将混合料冷压成约达 50%理论密度的 $\phi 30mm\times 50mm$ 试样，在氩气保护下以通电钨丝圈点燃反应物，采用 W/3%Re－W/25%Re 热电偶和计算机数据采集系统记录燃烧反应温度，用 XRD（CuK_α）分析燃烧产物相组成和用 SEM 观察产物显微结构形貌。

二、不同 C 含量对燃烧合成 Ti_3AlC 的影响

图 5-1 是固定 Ti-Al-C 体系中的 Ti∶Al=3∶1（物质的量之比）及改变体系中 C 含量（11.11at.%～20.00at.%）时，燃烧产物的 XRD 谱图。分析结果

表明，C 含量对 Ti-Al-C 体系燃烧合成产物影响很大。从图可以看出，在各燃烧产物中都有 $AlTi_3$ 和 TiC 相，只有当 C 量为 0.5mol、0.6mol 和 0.7mol 时，产物中生成较多 Ti_3AlC，其中以 C 量为 0.6mol 的燃烧产物中，Ti_3AlC 的含量最高，即 Ti_3AlC 为产物主晶相。但 C 含量≥0.8mol 时，Ti_3AlC 基本未生成，产物中以 Ti_2AlC 和 TiC 含量高。图 5-1(a) 和 5-1(b) 的 XRD 结果中还有 Al 的衍射峰出现，说明有过量的 Al 未参与燃烧反应。此外，从图还可知，产物中 $AlTi_3$ 的含量随 C 含量的增加而逐渐减少，如理论相对衍射峰强度为 100%的（201）晶面（$2\theta=41.2°$）的衍射峰强度分别为 100%、56.63%、82.86%、54.57%、49.19%和 23.30%；Ti_2AlC 的含量随 C 含量增加而从无到有，并逐渐增强，当 C 含量为 1.0mol 时，Ti_2AlC 为产物的主晶相；燃烧产物中 TiC 的含量随 C 含量增加而逐渐增多，其中以 C 含量为 0.7mol 和 0.8mol 时，TiC 含量最多。

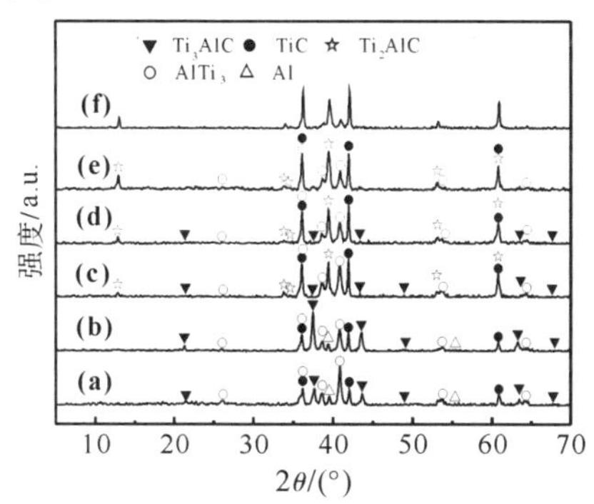

体系中 C 的物质的量：(a) 0.5mol；(b) 0.6mol；(c) 0.7mol；(d) 0.8mol；(e) 0.9mol；(f) 1.0mol

图 5-1　Ti∶Al=3∶1（物质的量之比）不同 C 含量燃烧产物的 XRD 谱图

1. 组成配比对燃烧合成 Ti_3AlC 的影响

在 Ti_3AlC 的“理想”晶体结构中，Ti∶Al∶C 的原子比为 3∶1∶1。但 Pietzka 等用化学方法分析 Ti_3AlC 和 Ti_2AlC 中的 C 含量时，假定 Ti∶Al 物质的量之比为 3∶1 和 2∶1，C 分析结果表明，Ti_3AlC 和 Ti_2AlC 是缺碳化合物，确定其化学式为 $Ti_3AlC_{0.58}$ 和 $Ti_2AlC_{0.69}$。从原料物质的量配比组成来看，图 5-1(a)～5-1(c) 的 Ti、Al 和 C 原料物质的量配比与缺 C 化合物 $Ti_3AlC_{0.58}$ 的化学计量比吻合，因此从组成配比上看，C 含量较低时，燃烧合成产物中应有 Ti_3AlC。原料物质的量配比 Ti∶Al∶C=3∶1∶0.6 与 $Ti_3AlC_{0.58}$ 的化学计量比基本一致，即原料配比燃烧产物中 Ti_3AlC 的含量应最高，从 XRD 分析结果可知，该配比的燃烧产物主晶相的确是 Ti_3AlC。C 含量较高时，Ti、Al 和 C 原料物质的量配比偏离缺 C 化合物 $Ti_3AlC_{0.58}$ 化学计量比较多，所以燃烧产物中没有 Ti_3AlC 生成，而此时原料的 Ti、Al 和 C 物质的量之比更接近

$Ti_2AlC_{0.69}$化学计量比，如，Ti∶Al∶C=3∶1∶0.9=2∶0.7∶0.6 与 $Ti_2AlC_{0.69}$化学计量比较吻合，XRD 分析结果表明，此配方的燃烧产物主晶相为Ti_2AlC。

另一方面，在 Ti-Al-C 体系中，与 C 含量相比，Ti 和 Al 的含量都较多，且 Ti∶Al=3∶1，所以从组成上来看，产物中会有 $AlTi_3$，随 C 含量增加，产物中 $AlTi_3$的含量将逐渐减少。图 5-1 的 XRD 分析结果表明，$AlTi_3$衍射峰强度随 C 含量增加而逐渐减弱。

2. 燃烧反应温度对 Ti-Al-C 体系燃烧合成 Ti_3AlC 的影响

采用 W/3%Re—W/25%Re 热电偶和计算机数据采集系统记录燃烧反应温度，测得图 5-1(a)～5-1(f) 的燃烧温度分别是：1487.3℃、1580.2℃、1652.2℃、1720.2℃、1729.7℃和 1808.4℃，燃烧温度随 C 含量增加逐渐升高。

Pietzka MA 等的研究表明，Ti_3AlC 在 1580℃±10℃时将分解为 L+TiC+Ti_2AlC，Ti_2AlC 在 1625℃±10℃时将分解为 L+TiC。从所测的温度来看，只有 C 含量为 0.5～0.7mol 的燃烧温度与 Ti_3AlC 的分解温度 1580℃±10℃相近，所以产物中有较多的 Ti_3AlC[图 5-1(a)～5-1(c)]。当燃烧温度超过 Ti_3AlC 的分解温度较多时[图 5-1(a)～5-1(e)]，Ti_3AlC 的分解率增大，产物中 Ti_2AlC 和 TiC 的含量逐渐增多，但燃烧温度超过 Ti_2AlC 的分解温度 1625℃±10℃时，Ti_2AlC 也会分解，TiC 含量增多[图 5-1(f)]。从实验中测得的温度来看，燃烧温度较低时，如图 5-1(a)（1487.3℃），Ti_3AlC 也较难生成，超过 Ti_3AlC 的分解温度，Ti_3AlC 的分解率将增大，因此 Ti-Al-C 体系燃烧合成 Ti_3AlC 的燃烧温度应控制在 1580℃左右。

三、燃烧合成产物的微观结构形貌

图 5-2 是固定 Ti∶Al=3∶1 及原料物质的量配比中 C 量为 0.5mol、0.6mol、0.8mol 和 0.9mol 时燃烧产物的显微结构形貌图：图 5-2(a) 微观形貌为针状、层状和颗粒状相混结构，针状和层状物相对较多，针状或棒状结构为 Ti_3AlC，而片层或块状结构为 $AlTi_3$，Ti_3AlC 和 $AlTi_3$的微观结构形貌类似，均为层状类结构，图中颗粒状物是 TiC；图 5-2(b) 主要为层状微观结构形貌，颗粒状物很少，从 XRD 分析结果可知，层状物为 Ti_3AlC，颗粒为 TiC；图 5-2(c) 主要为 TiC 颗粒状物，层状物较少，XRD 分析结果表明，层状物为 Ti_2AlC 和 $AlTi_3$；图 5-2(d) 主要为层状物 Ti_2AlC 的形貌结构，$AlTi_3$较少，层状物形貌与图 5-2(a) 和 5-2(b) 相似，同时也可观察到少量的颗粒状 TiC。SEM 观察的结果与 XRD 分析结果一致。

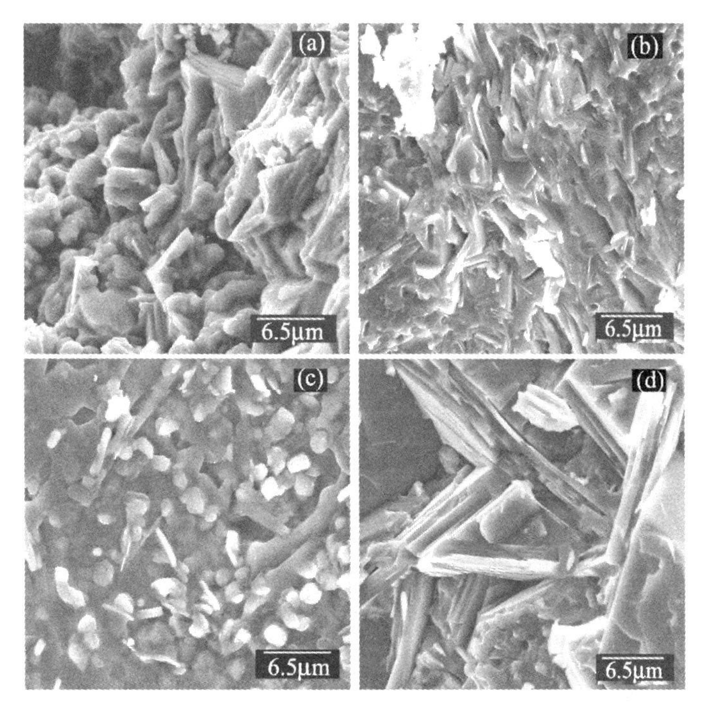

Ti∶Al∶C 物质的量之比：(a) 3∶1∶0.5；(b) 3∶1∶0.6；(c) 3∶1∶0.8；(d) 3∶1∶0.9

图 5-2　燃烧合成产物显微结构照片

四、小结

（1）利用元素粉末 Ti、Al 和 C 为原料，通过燃烧合成法得到主晶相为 Ti_3AlC 的复合物。

（2）按理想化学式 Ti_3AlC 的化学计量比配料，得到的是 Ti_2AlC 和较多的 TiC；按缺 C 化学式 $Ti_3AlC_{0.6}$ 的化学计量配料，得到主晶相为 Ti_3AlC 的燃烧产物。

（3）燃烧温度在 Ti_3AlC 的分解温度 1580℃附近，有利于 Ti_3AlC 的燃烧合成。

第三节　$TiAl_3$ 对燃烧合成 Ti_3AlC 的影响

本节研究室温条件下在 Ti-Al-C 体系中添加金属间化合物 $TiAl_3$ 对燃烧合成 Ti_3AlC 的影响，并从热力学和动力学的角度探讨了 $TiAl_3$ 对燃烧合成 Ti_3AlC 的影响机理。

一、实验方法

实验原材料为 Ti 粉、Al 粉和炭黑以及采用燃烧合成法自制的金属间化合

物 $TiAl_3$ 粉末，按化学式 Ti_3AlC 化学计量比配料，在保持其化学计量比不变的前提下，分别添加 0wt. %、10wt. %、20wt. %和 23. 5wt. %的 $TiAl_3$，以无水乙醇为介质在行星式球磨机上球磨 8 h，干燥后，将混合料冷压成约达 50 %理论密度的 ϕ30mm×45mm 试样，在氩气保护下以通电钨丝圈点燃反应物，同时采用 W/3%Re－W/25%Re 热电偶和计算机数据采集系统记录燃烧反应温度。XRD 分析燃烧产物相组成（CuK_α），SEM 观察产物显微结构形貌。

二、实验结果

1. 燃烧合成产物的物相分析结果

按上述方法添加 $TiAl_3$，以替代 Ti 和 Al，其中 $TiAl_3$ 为 23. 5wt. %是按原料中 Al 成分全部以 $TiAl_3$ 形式添加时的计算量。燃烧合成产物的 XRD 分析结果见图 5-3。

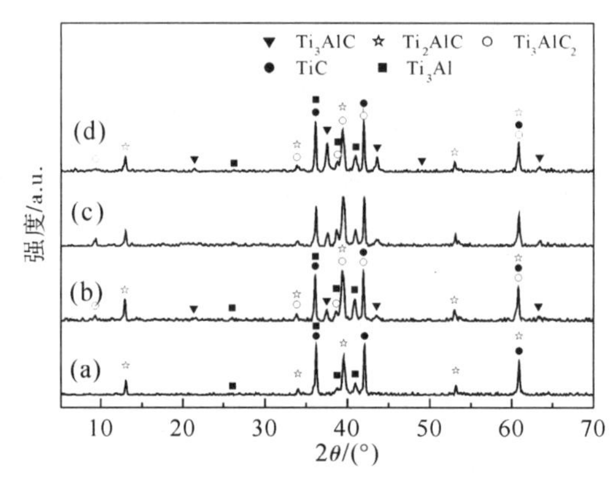

$TiAl_3$ 添加量：(a) 0wt. %；(b) 10wt. %；(c) 20wt. %；(d) 23. 5wt. %

图 5-3　Ti-Al-C 体系中添加不同质量 $TiAl_3$ 燃烧合成产物的 XRD 图

图 5-3(a) 中的谱线是未添加 $TiAl_3$ 时燃烧产物的 XRD 图谱：燃烧产物中几乎没有 Ti_3AlC，其主要物相为 Ti_2AlC 和 TiC 以及含量较少的另一种金属间化合物 Ti_3Al，说明以 Ti、Al 和 C 元素粉末为原料，按化学式 Ti_3AlC 的化学计量比配料，利用燃烧合成方法在室温点燃反应物不能得到 Ti_3AlC 物质；图 5-3(b)～5-3(d) 是添加 $TiAl_3$ 后燃烧产物的 XRD 分析结果：在所有产物中都出现了衍射峰强度较强的 Ti_3AlC 衍射峰，且随 $TiAl_3$ 量的增加而增强，如，理论相对衍射峰强度为 100%的 (111) 晶面（2θ=37. 63°）的衍射峰强度未添加 $TiAl_3$ 的为 7%，添加 $TiAl_3$ 的依次为 21%，27%，53%，5-3(d) 所对应产物中的 Ti_3AlC 已成为燃烧产物中的主要物相之一，说明添加金属间化合物 $TiAl_3$ 有利于燃烧合成 Ti_3AlC，然而，燃烧产物中的主要物相除 Ti_3AlC 外，仍然有 Ti_2AlC 和 TiC，同时，产物中 Ti_3Al 的衍射峰强度与未添加的相比变化不大，但添加 $TiAl_3$ 后出现了另一种三元碳化合物 Ti_3AlC_2；燃烧产物中均

无 $TiAl_3$ 的衍射峰。

2. 燃烧合成产物的微观结构形貌

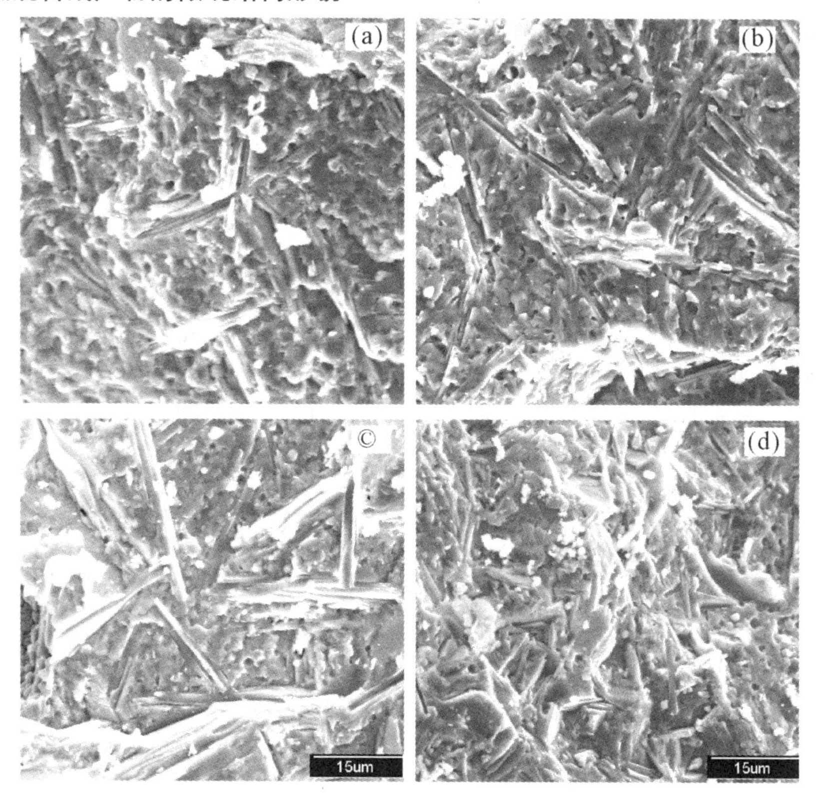

$TiAl_3$ 添加量：(a) 0wt. %；(b) 10wt. %；(c) 20wt. %；(d) 23. 5wt. %

图 5-4　不同 $TiAl_3$ 添加量的燃烧合成产物显微结构照片

图 5-4(a) 是未添加 $TiAl_3$ 的燃烧合成产物的显微结构形貌图，主要是颗粒状和少量片状或块状物，结合 XRD 分析结果及 Ti_2AlC、$AlTi_3$ 和 TiC 不同的结晶习性，确定颗粒状物为 TiC，片状物主要是 Ti_2AlC，$AlTi_3$ 也为片层或块状物；图 5-4(b)～5-4(d) 是在燃烧反应物原料中分别添加 10wt. %、20wt. %和 23. 5wt. % $TiAl_3$ 时，燃烧产物的显微结构形貌图，图 5-4(b) 中以颗粒状物 TiC 为主，但片状、棒状物比图 5-4(a) 中的多，由 XRD 分析结果可知，片状物主要为 Ti_2AlC 和 Ti_3AlC_2，针状或棒状结构物为 Ti_3AlC；图 5-4(c)中片状和针状或棒状物较多，颗粒状物较少，片状物主要为 Ti_2AlC 和 Ti_3AlC_2，针状或棒状物为 Ti_3AlC；图 5-4(d) 主要为针状或棒状物 Ti_3AlC，同时片状物 Ti_2AlC 和颗粒状物 TiC 也较多。SEM 观察的结果与 XRD 分析结果一致。

三、实验结果分析

1. $TiAl_3$添加量对燃烧合成 Ti_3AlC 的影响

根据物质的衍射峰强度与其含量成正比的关系，可用燃烧产物中两种组分的无重叠衍射峰的晶面衍射峰强度之比来表示某组分在燃烧合成产物的相对含量。从图 5-3 可看出，燃烧产物中始终有 Ti_2AlC，且有无重叠的衍射峰，因此，采用 Ti_3AlC（111，2θ＝37.63°）晶面衍射峰强度与 Ti_2AlC（002，2θ＝13.00°）晶面衍射峰强度之比 F 表示燃烧产物中生成 Ti_3AlC 的相对含量。

图 5-5（左边纵坐标）是不同 $TiAl_3$ 量与 Ti_3AlC 生成量（F 值）的关系，由图可知，两者呈正相关，说明在原料中添加 $TiAl_3$会直接影响 Ti_3AlC 的生成，在一定程度上证明，金属间化合物 $TiAl_3$ 直接参与生成 Ti_3AlC 的反应，是燃烧合成 Ti_3AlC 反应的中间物质之一。因此，随着 $TiAl_3$添加量增多，产物中 Ti_3AlC 增加。$TiAl_3$只有低于 700℃时才能生成，温度高于 800℃时 C 会与 $TiAl_3$反应生成 TiC，由于燃烧合成温度远高于 700℃，所以在燃烧产物中无 $TiAl_3$。

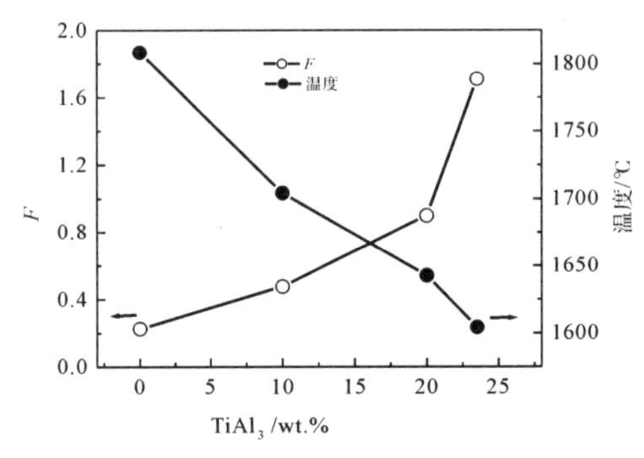

F＝ I(TiAlC，111)/I(Ii_2AlC，002)

图 5-5　Ti-Al-C 体系中 $TiAl_3$添加量与 F 值和燃烧反应温度的关系

Ti-Al 金属间化合物也是燃烧合成 Ti_3AlC_2 的中间物质，但在物料中添加 $TiAl_3$后燃烧合成 Ti_3AlC 的效率远比 Ti_3AlC_2 的效率低得多，在燃烧合成 Ti_3AlC_2的产物中，主晶相只有 Ti_3AlC_2，而在燃烧合成 Ti_3AlC 的产物中则不然。

TiC 是燃烧合成 Ti_3AlC_2 和 Ti_2AlC 的关键中间物质。但在本燃烧合成 Ti_3AlC的实验研究中利用相同方法，添加 TiC 替代部分 Ti 和 C 后，在燃烧产物中 Ti_3AlC 的含量仅比未添加的略有增加，表明 TiC 不是燃烧合成 Ti_3AlC 的中间物质。因此，在燃烧合成 Ti_3AlC 的反应中应尽量避免生成 TiC 的反应发生。燃烧合成 Ti_3AlC 的机制是：在燃烧反应的前沿首先形成熔融的金属间化合物 Ti-Al，然后 Ti 和 C 溶于熔融的金属间化合物 Ti-Al 中，最后从熔融体

中析出 Ti_3AlC。

$$TiAl_3 + Ti + C \longrightarrow Ti_3AlC$$

本实验燃烧合成产物中 TiC 的含量较多，说明在 Ti 和 C 之间发生了较多的生成 TiC 的反应。

2. 燃烧反应温度对燃烧合成 Ti_3AlC 的影响

$TiAl_3$ 对燃烧合成 Ti_3AlC 的影响可从热力学方面解释，但目前无 Ti_3AlC 的热力学数据可查，所以从实测的燃烧反应温度角度来解释：由图 5-5（右边纵坐标）可知，燃烧反应温度随 $TiAl_3$ 添加量的增加而逐渐降低，实验中也观察到，随着 $TiAl_3$ 添加量的增多，产物的收缩程度减小。对于 Ti-Al-C 燃烧体系，添加的 $TiAl_3$ 具有稀释剂和反应物的双重作用：由于添加的 $TiAl_3$ 是直接参加反应生成 Ti_3AlC 的中间反应物，直接添加 $TiAl_3$ 减少了由 Ti 和 Al 单质反应生成 $TiAl_3$ 放出的热量，并且 C 与 $TiAl_3$ 反应放出的热量也比与单质 Ti 反应放出的热量少，所以 $TiAl_3$ 添加量越多，燃烧反应温度就越低。例如，未添加 $TiAl_3$ 的燃烧反应温度为 1808.4℃，添加 23.5wt.% $TiAl_3$ 的反应温度仅为 1604.4℃。

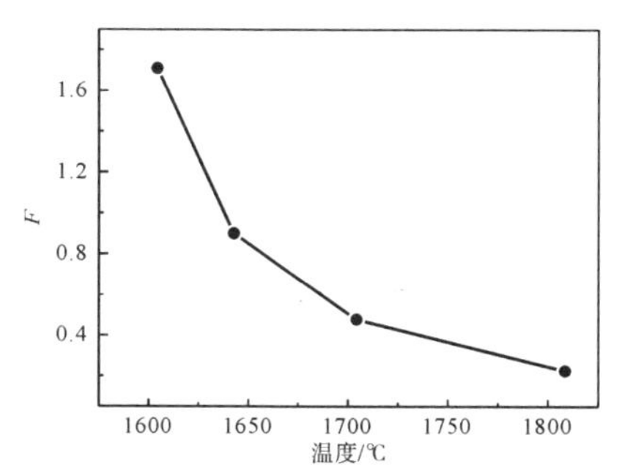

$F = I(Ti_3AlC, 111)/I(Ti_2AlC, 002)$

图 5-6 Ti_3AlC 相对生成量与燃烧反应温度的关系

Pietzka 等研究表明，Ti_3AlC 在 1580℃ ± 10℃ 时将分解为 L + TiC + Ti_2AlC，Ti_2AlC 在 1625℃ ± 10℃ 时将分解为 L + TiC，Ti_3AlC_2 的分解温度为 1450℃。显然，燃烧温度高于 Ti_3AlC 的分解温度越多，其分解率越大，所以燃烧温度随添加 $TiAl_3$ 量增多而降低时，Ti_3AlC 的分解率将减少，有利于生成 Ti_3AlC，见图 5-6。对于添加了 TiC 的 Ti-Al-C 燃烧反应体系来说，同样可使燃烧温度降低，即可致 Ti_3AlC 含量增加；实验测得添加 $TiAl_3$ 后的燃烧温度约在 1600～1700℃，此温度与 Ti_2AlC 的分解温度相差不大，所以，Ti_3AlC 会分解而产生 Ti_2AlC。另一方面，从在 1300℃ 时 Ti_3AlC 的 Gibbs 自由能 $\Delta G^\theta = -41.7 \sim -37.0 kJ \cdot mol^{-1}$ 和 Ti_2AlC 的 $\Delta G^\theta = -54.8 \sim -49.6 kJ \cdot mol^{-1}$ 来看，Ti_2AlC 较 Ti_3AlC 易生成；据所测的燃烧温度来看，均比 1580℃ 高，因此燃烧反应产物中通常有 TiC。

从动力学因素方面考虑。据化学动力学原理可知，反应温度越高，反应速率越大；反应物浓度越大，反应速率也越大。从实验结果可知，$TiAl_3$直接参加了生成 Ti_3AlC 的反应，是燃烧反应生成 Ti_3AlC 的中间物质，未添加 $TiAl_3$ 的 Ti-Al-C 燃烧反应体系，Ti 和 Al 之间需要通过燃烧反应合成 $TiAl_3$后，才能生成 Ti_3AlC。由于其燃烧反应温度远高于 700℃，$TiAl_3$难以生成，但当加入 $TiAl_3$时，只要达到反应生成温度就可以直接反应生成 Ti_3AlC，且 $TiAl_3$的浓度越大，反应生成 Ti_3AlC 的速度就越快，生成 Ti_3AlC 的量越多。由于 $TiAl_3$也是 Ti-Al-C 体系燃烧合成 Ti_3AlC_2的关键中间物质，所以在燃烧反应物中添加 $TiAl_3$后，燃烧产物中相对易生成 Ti_3AlC_2。

四、小结

（1）以单质粉末 Ti、Al 和炭黑为原料，按 Ti_3AlC 化学计量比配料，燃烧产物主要物相是 Ti_2AlC 和 TiC，得不到 Ti_3AlC，但在保持原料配比不变的情况下，在反应物原料中添加金属间化合物 $TiAl_3$后，得到了 Ti_3AlC 相物质，其含量随 $TiAl_3$的增加而增多，成为燃烧产物的主要物相之一。

（2）$TiAl_3$是 Ti-Al-C 燃烧反应生成 Ti_3AlC 的中间物质。

参考文献

Jeitschko W，Nowotny H，Benesovky F. 1964. Ti_3AlC a perovskite type carbide[J]. Monotsch Chem，95：319－337.

Tian W H，Nemoto M. 1999. Precipitation behavior of (Al，Ag)$_3$Ti and Ti_3AlC in $L1_0$－TiAl in Ti-Al－Ag system[J]. Intermetallics，7：1261－1269.

Schuster J C，Nowotny H，Vaccaro C. 1980. The ternary systems：Cr-Al-C，V-Al-C，and Ti-Al-C and the behavior of H－phases (M_2AlC) [J]. Journal of Solid State Chemistry，32：213－219.

郭俊明，陈克新，周和平，等. 2003. 燃烧合成 Ti_3AlC 粉体的初步研究[J]. 电子元件与材料，22 (4)：1－3.

郭俊明，陈克新，王宝森，等. 2006. $TiAl_3$对燃烧合成 Ti_3AlC 的影响[J]. 稀有金属材料与工程，35 (11)：1708－1711.

Pietzka M A，Schuster J C. 1994. Summary of constitutional data on the aluminum－carbon－titanium system[J]. Journal of Phase Equilibria，15 (4)：392－400.

第六章　燃烧温度对燃烧合成 Ti_3AlC_2 和 Ti_2AlC 的影响

原料组分的物质的量配比和燃烧温度对燃烧合成产物都有决定性的作用，当组分配比一定时，燃烧合成产物主要由燃烧温度决定。本章从热力学原理的角度探讨了燃烧温度对燃烧合成 Ti_3AlC_2 和 Ti_2AlC 相的影响机理。

第一节　TiC 对燃烧产物的影响

一、实验方法

实验原材料为 Ti 粉、Al 粉、炭黑粉以及采用燃烧合成法自制的 TiC 粉，以 Ti∶Al∶C＝2∶1∶1 和 Ti∶Al∶C＝3∶1∶2（物质的量之比）为原料配比，在保持各组分配比不变的情况下，分别添加不同质量分数的 TiC，以无水乙醇为介质将物料在行星式球磨机上球磨混匀 8h，干燥后，将混合料冷压成约达 50％理论密度的 ϕ30mm×50mm 试样，在氩气保护下以通电钨丝圈点燃反应物，采用 W/3％Re－W/25％Re 热电偶和计算机数据采集系统记录燃烧反应温度，用 XRD（CuK_α）分析燃烧产物相组成。

二、TiC 对 Ti∶Al∶C＝2∶1∶1 体系燃烧产物的影响

图 6-1 是保持 Ti∶Al∶C＝2∶1∶1（物质的量之比）情况下，添加 0wt. ％，15wt. ％，20wt. ％和 25wt. ％的 TiC 后体系燃烧产物的 XRD 分析结果。从图 6-1(a) 可知，仅利用 Ti、Al 和 C 单质粉末为原料，即未添加 TiC 的燃烧产物有 Ti_2AlC、Ti_3AlC_2 和 TiC，其主晶相是 Ti_3AlC_2，只得到少量 Ti_2AlC，同时还有较多 TiC。但添加 15wt. ％，20wt. ％和 25wt. ％的 TiC 后燃烧产物的主晶相都变为了 Ti_2AlC 相，其中 Ti_3AlC_2 和 TiC 的含量都急剧减少，尤其是 Ti_3AlC_2 的衍射峰强度急剧锐减[图 6-1(b)，6-1(c) 和 6-1(d)]。Ti_2AlC 相的含量随 TiC 添加量的增加而逐渐增多，燃烧产物中 TiC 的含量则随 TiC 添加量的增加而逐渐减弱。此外，与未添加 TiC 的情况相比，添加 TiC 的产物中在 $2\theta=39.76°$ 处出现了 Ti_2AlC 理论相对强度为 18％的衍射峰，而 Ti_3AlC_2 理论相对强度较弱的许多衍射峰则消失了，这表明添加 TiC 后，Ti_2AlC 的含量急剧增加，证明 TiC 是燃烧合成 Ti_2AlC 的中间反应物。实验表明，当 TiC 添加量达 30wt. ％及其以上时，在常温下不能点燃反应体系。

实验中测得图 6-1(a)～6-1(d) 的燃烧温度分别为：2014.9℃、1704.3℃、1672.2℃和 1602.3℃，随 TiC 添加量的增多，燃烧温度逐渐降低。在体系中添加的 TiC 具有稀释剂和中间反应物的双重角色。

为定性表示 Ti_2AlC 相在燃烧产物中相对 Ti_3AlC_2 相的生成量，采用无重叠衍射峰的 Ti_2AlC（002，$2\theta=13.0°$）晶面的衍射强度与 Ti_3AlC_2（002，$2\theta=9.5°$）晶面的衍射强度之比 F 值表示，图 6-2 表示的是 F 值与燃烧温度的关系。可以看出，随着燃烧温度的降低，F 值逐渐增大，即 Ti_2AlC 的含量随燃烧温度的降低而增加。

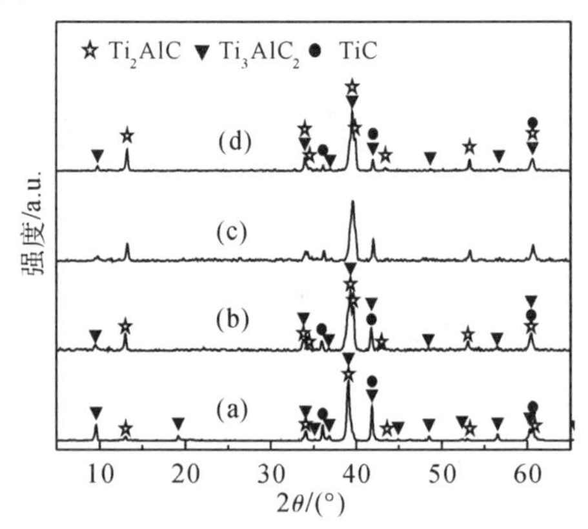

TiC 添加量：(a) 0wt.%；(b) 15wt.%；(c) 20wt.%；(d) 25wt.%

图 6-1　Ti-Al-C 体系燃烧合成产物的 XRD 谱图

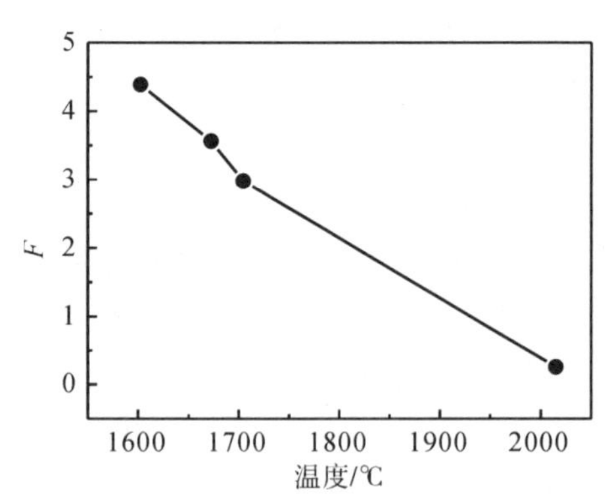

$F=I$（Ti_2AlC，002）$/I$（Ti_3AlC_2，002）

图 6-2　燃烧反应温度与 F 值的关系

三、TiC 对 Ti∶Al∶C=3∶1∶2 体系燃烧产物的影响

图 6-3 是在 Ti∶Al∶C=3∶1∶2（物质的量之比）体系中添加不同质量分数的 TiC 后体系燃烧产物的 XRD 分析结果。图 6-3(a) 是未加 TiC 的燃烧反应产物的 XRD 结果，产物物相主要为 TiC，而 Ti_3AlC_2 很少，无 Ti_2AlC

相。图 6-3(b)～6-3(d) 是分别添加 20wt.%，30wt.%和 35wt.%的 TiC 后得到的燃烧合成产物的 XRD 谱图。当添加 20% TiC 时，所得燃烧产物主要为 Ti_3AlC_2 和少量 TiC；当添加 30wt.% TiC 时，燃烧产物相除包括 Ti_3AlC_2 和少量 TiC 外，还出现极弱的 Ti_2AlC 衍射峰；当添加 35wt.%TiC 时，燃烧产物主要相为 Ti_3AlC_2，少量 TiC 和 Ti_2AlC。从图可知，随着 TiC 添加量的增加，除 Ti_3AlC_2 相衍射峰逐渐增强外，TiC 的衍射峰逐渐减弱，而 Ti_2AlC 的衍射峰从无到有，表现出逐渐增强的趋势，但其衍射峰仍较弱。

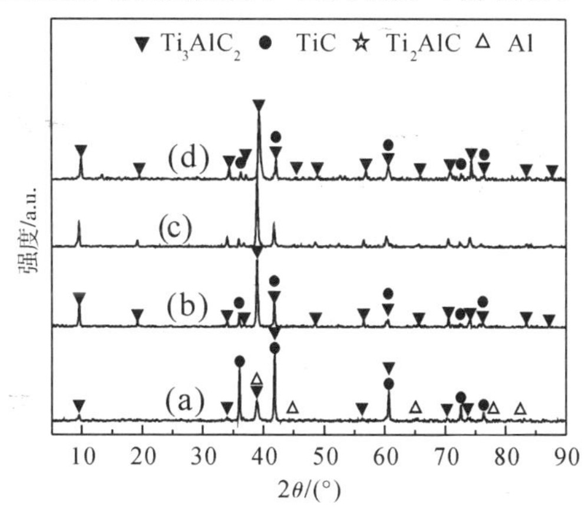

TiC 添加量：(a) 0wt.%；(b) 20wt.%；(c) 30wt.%；(d) 35wt.%

图 6-3　Ti-Al-C 体系燃烧合成产物的 XRD 谱图

实验中测得随 TiC 添加量的增多，燃烧温度逐渐降低。图 6-3(a)～6-3(d) 的燃烧温度分别为：2003.7℃，1873.8℃，1729.7℃和 1604.8℃。添加的 TiC 在体系中也具有稀释剂和中间反应物的双重角色。

第二节　燃烧产物的热力学分析

对于二元系，燃烧合成的主要产物相是平衡态下的主产物相；但对于三元系，生成物并不总是与初始反应物成分相对应的平衡态产物，还要考虑燃烧温度。即燃烧反应温度也是影响燃烧合成平衡产物成分的重要因素。下面以在 Ti∶Al∶C＝2∶1∶1 体系中添加 TiC 为例，讨论燃烧温度对燃烧合成 Ti_3AlC_2 和 Ti_2AlC 的影响。

Ti_3AlC_2 和 Ti_2AlC 在 1300℃的 Gibbs 自由能分别为 ΔG^θ（Ti_3AlC_2）＝－68.7～－63.2 $kJ\cdot mol^{-1}$ 和 ΔG^θ（Ti_2AlC）＝－54.8～－49.6 $kJ\cdot mol^{-1}$，Ti_3AlC_2 的生成 Gibbs 自由能比 Ti_2AlC 的小得多。另一方面，从由单质粉末组成的 Ti-Al-C 反应体系中各组分间的相互可能反应（如，二元系的反应：Ti-Al，Ti-C，Al-C 等）的情况来看，在 1000℃以上时，生成 Gibbs 自由能以

TiC 的最小：

$$\Delta G^{\theta}(TiAl_3) = -1.832148 \times 10^5 + 64.277406T$$

$$\Delta G^{\theta}(Al_4C_3) = -2.6571774 \times 10^5 + 95.07929T$$

$$\Delta G^{\theta}(TiC) = -1.887399 \times 10^5 + 15.439937T$$

而其生成热 $\Delta_f H^{\theta}$（TiC，1327℃）＝ －188.8 kJ · mol^{-1} 又较大。实验中测得未添加 TiC 的燃烧温度为 2014.9℃，在保持 Ti∶Al∶C＝2∶1∶1 比不变的情况下，以单质粉末 Ti、Al 和 C 为起始反应原料，固定 Ti∶Al＝2∶1（物质的量之比），燃烧反应温度将随体系中含 C 量的增加而升高，见图 6-4，而且 Ti∶C 比越接近 1∶1，燃烧体系的燃烧温度越高，因生成 TiC 的量多，放出的能量也越多。与 Pampuch 等研究表明，Ti、Si 和 C 粉末组成的体系，在燃烧合成 Ti_3SiC_2 中，主放热反应是生成 TiC 的反应。基于以上根据，可以判断：Ti 与 C 反应生成 TiC 放出的热量是维持 Ti-Al-C 体系燃烧的主要原因。

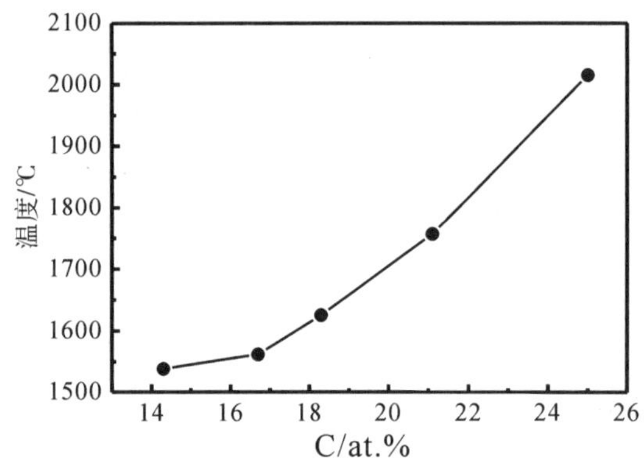

图 6-4　当 Ti/Al＝2 时，Ti-Al-C 体系燃烧反应温度与 C 含量的关系

图 6-5 是 Ti∶Al∶C＝2∶1∶1 燃烧反应体系温度随时间变化的关系。从图可看出：

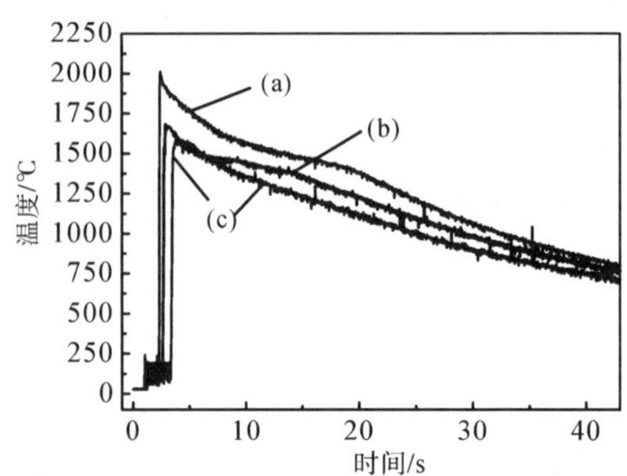

TiC 添加量：(a) 0wt. %；(b) 15wt. %；(c) 25wt. %

图 6-5　Ti-Al-C 燃烧反应体系的燃烧反应温度随时间的变化关系

第一，体系温度随时间的变化，都有一个近似“平台”的反应区域。图 6-5(a)和 6-5(b) 的“平台”区域较大：在最高燃烧温度之后；而图 6-5(c) 的“平台”极小：在最高燃烧温度附近。从化学原理知道，反应体系温度随时间的变化出现平台或拐点，都与体系中反应的放热与吸热有关。根据 Pietzka 等对 Ti_3AlC_2 和 Ti_2AlC 的 Gibbs 生成自由能的估计值，并结合热力学公式 $\Delta G = \Delta H - T\Delta S$，可作出判断：单质粉末生成 Ti_3AlC_2 和 Ti_2AlC 的过程是熵减小的过程（$\Delta S<0$），即 $-T\Delta S>0$；另一方面，Ti_3AlC_2 和 Ti_2AlC 的 Gibbs 生成自由能的负值的绝对值都很大。因此生成 Ti_3AlC_2 和 Ti_2AlC 的反应都是放热反应（$\Delta H<0$）。据此，实验中体系温度随时间变化出现的“平台”可解释为：剧烈反应的前沿燃烧波过后，生成 Ti_3AlC_2 或 Ti_2AlC 的放热反应仍在持续，此时反应放出的热量与体系的自然散热大体平衡，所以体系温度随时间变化出现“平台”。对于图 6-5(c) 的小“平台”，这是由于该体系的燃烧温度（1602.3℃）稍低于 Ti_2AlC 的分解温度（1625℃），生成 Ti_2AlC 的反应与生成 TiC 的主放热反应几乎是同时进行，此外，体系中已加有较多的可以直接参加反应的 TiC，因此燃烧反应瞬间完成，即“平台”较小。

第二，添加 TiC 与未添加 TiC 体系的最高燃烧反应温度差别很大：未添加 TiC 体系的最高燃烧温度远高于添加 TiC 的体系。此外，体系的温度随时间的增加下降很快。图 6-5(a) 和 6-5(b) 从最高点降到 1400℃（温度变化的转折点），两者所需的时间相差不大。小于 1400℃后，温度都随时间均匀降低，说明反应已结束，属于自然降温过程。即两者完成反应所需的时间大体相同。而图 6-5(c) 体系从最高燃烧温度，经过一小段“平台”后，体系温度属于自然降温过程，表明燃烧反应瞬间已完成。未添加 TiC 和添加 TiC 的燃烧反应温度相差很大，这是造成反应产物主晶相由 Ti_3AlC_2 相变为 Ti_2AlC 相的主要原因。

对于 Ti-Al-C 燃烧合成 Ti_3AlC_2 和 Ti_2AlC 的体系，由于 $-T\Delta S>0$，$\Delta H<0$，所以当温度较低时，不会改变反应的 Gibbs 自由能符号，但温度很高时就可能改变 ΔG 的符号。从 Ti_3AlC_2 和 Ti_2AlC 的生成自由能来看，前者负值的绝对值大于后者负值的绝对值约 13 $kJ \cdot mol^{-1}$，因此当燃烧反应温度很高，Ti_2AlC 的 ΔG 由负值变为零，即 $\Delta G=0$ 时，Ti_3AlC_2 的生成自由能仍为负值（$\Delta G<0$）。Pietzka 等曾估算过生成 Ti_2AlC 在两个不同温度下的自由能：ΔG（1300℃）$= -54.8 \sim -49.6$ $kJ \cdot mol^{-1}$ 和 ΔG（1000℃）$= -65.9 \sim -56.8$ $kJ \cdot mol^{-1}$，可见，温度升高时，Ti_2AlC 的 ΔG 负值的绝对值减小，说明上述的分析正确。所以从热力学上考虑，生成 Ti_3AlC_2 的温度上限比生成 Ti_2AlC 的温度上限宽。即高温不利于 Ti_2AlC 的生成，而 Ti_3AlC_2 在一定范围的高温内仍可生成。此外，Pietzka 等研究表明，Ti_2AlC 的不相合熔点为

1625℃±10℃，在此温度以上时，Ti_2AlC 会分解：$Ti_2AlC \longrightarrow L+TiC$。因此 Ti_2AlC 的生成最佳温度应在 1600℃以下。

由于未添加 TiC 体系的燃烧反应温度很高，为 2014.9℃，此时生成 Ti_3AlC_2 的 $\Delta G<0$，而生成 Ti_2AlC 的 ΔG 可能接近 0 或大于 0。即此温度时，可以发生生成 Ti_3AlC_2 的反应，而生成 Ti_2AlC 的反应基本未发生。此反应区域应为图 6-5(a) 中温度大于 1600℃的区域，温度随时间的变化几乎呈线性，且斜率负值的绝对值很大。从时间上看，接近于完成反应所需时间的一半。但 Pietzka 等研究表明，将 Ti_3AlC_2 加热至 1900℃时没有任何液相出现，但在 1450℃以上时，固体状态的 Ti_3AlC_2 将会发生分解。也就是说，至少在 1900℃以下生成的 Ti_3AlC_2 是固态，且边生成边分解，由于温度降低极快，所以生成的 Ti_3AlC_2 有积累。后一半反应时间区域在温度小于 1600～1400℃，此区间 Ti_3AlC_2 和 Ti_2AlC 都会同时生成。因此在燃烧反应中，生成的 Ti_3AlC_2 量多于 Ti_2AlC 的生成量，同时 TiC 的量相对较多。

对于添加 TiC 的体系，燃烧反应温度较低，如添加 TiC 量 15wt.%以上时，燃烧温度都在 1700℃以下，而且温度很快降低至 1600℃以下。从上述的讨论中可以推断，此条件下生成 Ti_2AlC 的 $\Delta G<0$，并且燃烧温度在 Ti_2AlC 的分解温度附近或以下，生成的 Ti_2AlC 不会分解，即生成 Ti_2AlC 的量多。由于 Ti_2AlC 的生成热与体系自然散热大体平衡，所以在温度随时间的变化关系图上表现为较均匀反应的"平台"[图 6-5(b)]，1400℃后已完成反应，体系属于自然降温。对于添加 TiC 为 25wt.%的体系，如图 6-5(c) 所示，由于燃烧温度为 1602.3℃，温度相对较低，并且体系中有较多的中间反应物 TiC，所以在发生燃烧反应的同时，就完成了生成 Ti_2AlC 的反应，因此，经过一小段区域的"平台"后，温度就自然降低。

为验证上述结论，在 Ti∶Al∶C=3∶1∶2 体系中同样添加起稀释剂作用的 TiC。由 XRD 分析结果可知，Ti∶Al∶C=3∶1∶2 体系在添加 30wt.%TiC 时，在燃烧产物中出现了少量的 Ti_2AlC 相，当 TiC 添加量为 35wt.%时，在燃烧产物中出现较多 Ti_2AlC 相，但主晶相仍为 Ti_3AlC_2，见图 6-3。此时对应的燃烧温度为 1604.8℃，与上述的结论吻合。

第三节　本章小结

(1) 以 Ti、Al 和 C 单质粉末为原料，按 Ti_2AlC 化学式计量比组成的 Ti-Al-C 燃烧合成反应体系，燃烧产物主晶相为 Ti_3AlC_2，只能得到少量 Ti_2AlC，同时还有较多 TiC。

(2) 在 Ti∶Al∶C=2∶1∶1 体系中，添加 TiC 后，对燃烧合成 Ti_2AlC 的

相组成影响很大，Ti_2AlC 的含量随 TiC 的增加而增多，而 TiC 的含量则逐渐减少。

（3）燃烧温度对燃烧合成 Ti_3AlC_2 和 Ti_2AlC 影响较大，燃烧合成 Ti_3AlC_2 的上限温度比 Ti_2AlC 的高，燃烧合成 Ti_2AlC 的最佳温度在 1600～1400℃。

参考文献

郭俊明，陈克新，葛振斌，等. 2003. 添加 TiC 对燃烧合成 Ti_2AlC 粉体的影响[J]. 金属学报，39（3）：315－319.

殷声. 1999. 燃烧合成[M]. 北京：冶金工业出版社.

郭俊明，陈克新，刘光华，等. 2004. 燃烧温度对燃烧合成 Ti_3AlC_2 和 Ti_2AlC 的影响[J]. 功能材料，35（6）：763－756.

Pietzka M A，Schuster J C. 1994. Summary of constitutional data on the aluminum－carbon－titanium system[J]. Journal of Phase Equilibria，15（4）：392－400.

Pampuch R，Lis J，Stobierski L. 1989. Solid combustion synthesis of Ti_3SiC_2[J]. Journal of the European Ceramic Society，5：283－287.

第七章　热压和放电等离子烧结研究

第一节　燃烧合成 Ti_3AlC_2 粉体的烧结研究

一、热压烧结 Ti_3AlC_2 粉体的研究

本节研究以燃烧合成法制备的 Ti_3AlC_2 燃烧合成粉体为原料，研究在不同热压温度下的烧结，测定了烧结块体的密度、维氏硬度、抗弯强度和断裂韧性等性能。

1. 实验方法

以 Ti、Al 和炭黑为原料，按照第三章第六节的方法制备 Ti_3AlC_2 粉体：在保持化学式 Ti_3AlC_2 计量比 Ti∶Al∶C=3∶1∶2 的情况下添加 30wt.%TiC 配料，混合均匀后，在氩气保护下利用燃烧合成法制备 Ti_3AlC_2 粉体，100 目过筛备用。

不添加任何助剂下，将 Ti_3AlC_2 粉体干压成型获得素坯，然后采用多功能高温烧结炉，用石墨坩埚对素坯进行热压烧结，烧结压力为 25MPa，升温速率为 20℃/min，氩气保护，烧结温度分别为 1350℃、1400℃、1450℃ 和 1500℃，达到最高温度再保温 2h 后自然冷却，制得四块厚度约 8mm、ϕ50mm 的圆饼状 Ti_3AlC_2 烧结陶瓷块体，用切割机将烧结块体切割成宽 3mm 和 4mm 试样条，然后在磨床上分别打磨成高约 4mm 和 6mm，最后研磨、抛光获得宽 3mm×高 4mm 和宽 4mm×高 6mm 的试样条，前者测定抗弯强度，后者测定断裂韧性（在试件中央用厚 0.2mm 的金刚石锯片切割深度约 2.5mm 的缺口）。

分别用 XRD 和 SEM 分析烧结样品物相组成和观察断口显微结构形貌，阿基米德法测定样品的密度，维氏硬度计测量样品的显微维氏硬度，三点弯曲法测定试样的抗弯强度和断裂韧性（单边切口梁法），跨距分别为 30mm 和 24mm，加载速率分别为 0.5mm/min 和 0.05mm/min，加载直至试件断裂，记录最大载荷，计算试件抗弯强度和断裂韧性数值。

2. 热压烧结样品的物相分析

图 7-1 是热压烧结燃烧合成 Ti_3AlC_2 粉体的 XRD 谱图。图 7-1(a) 是燃烧合成 Ti_3AlC_2 粉体的 XRD 谱图，粉体中主晶相为 Ti_3AlC_2，但还含有较多的 Ti_2AlC 和 TiC，这是由于制备 SHS 的 Ti_3AlC_2 粉体时是在大型燃烧合成装置

中进行，且物料较多：将约150g物料放置于凹形石墨衬垫上，石墨衬垫和氩气保护气体的散热，导致了燃烧反应温度降低，使得燃烧产物中 Ti_2AlC 和 TiC 的含量增加。燃烧产物中的 Ti_3AlC_2 含量比图3-12(c) 降低较多，这是由于用于热压烧结制备的燃烧合成 Ti_3AlC_2 粉体的质量较多，而图3-12(c) 制备数量样品较少；图7-1(b)～7-1(e) 为烧结块体样品的XRD分析结果，从结果可见，块体样品仅含 Ti_3AlC_2 相，无 Ti_2AlC 和 TiC，表明烧结块体为 Ti_3AlC_2 单相。原料粉体中的 Ti_2AlC 和 TiC 在热压烧结时发生了下列转化反应：

$$Ti_2AlC + TiC = Ti_3AlC_2$$

从XRD结果可知：在烧结温度为1350～1500℃时，Ti_3AlC_2 不会发生分解，相反有利于 Ti_2AlC 和 TiC 转化为 Ti_3AlC_2 的反应，但在1350℃时的XRD基底背景较大。利用XRD计算得1400℃热压烧结块体样品 Ti_3AlC_2 的晶格常数 a=0.30753nm 和 c=1.85472nm。因此，热压烧结 Ti_3AlC_2 粉体的温度应在1400～1500℃，结果与 Tzenov 和 Wang 分别热压制备 Ti_3AlC_2 的温度条件一致。

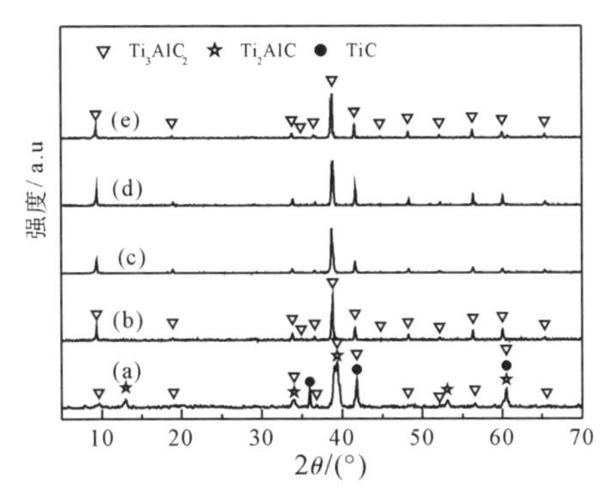

(a) Ti_3AlC_2 粉体；烧结温度：(b) 1350℃；(c) 1400℃；(d) 1450℃；(e) 1500℃

图7-1　燃烧合成 Ti_3AlC_2 粉体和1350～1500℃热压保温2h烧结样品的XRD谱图

3. 热压温度对样品密度和硬度的影响

表7-1是热压烧结 Ti_3AlC_2 样品的密度和维氏硬度，理论相对密度是据 Ti_3AlC_2 理论密度4.247g/cm^{3}求得。

从表7-1可看出，1350℃烧结样品的密度较低外，其他烧结样品的密度很接近理论密度，表明样品已烧结致密；随烧结温度增加，烧结样品密度增大，这是因为温度增加，物质颗粒之间的作用力由分子间力转变为较强的晶体结合键力，使得样品气孔的尺寸和数量逐渐减少。从理论相对密度看，最佳热压烧结温度为1500℃。该温度下得到的样品密度略大于 Wang 等在1500℃获得的样品密度，而1400℃时获得的样品密度与 Tzenov 等在1400℃得到的样品密度基本相同。

从表7-1可见，热压温度升高，维氏硬度增大，以1400℃样品的硬度最大，但热压温度高于1400℃以上时，硬度反而减小，是与样品晶粒尺寸长大和空隙的粗化有关。1400℃烧结的样品硬度略大于 Tzenov 等在相同温度下制备的块体，1500℃样品的硬度小于 Wang 等在1500℃获得的Ti_3AlC_2块体硬度。

表 7-1　不同烧结温度 Ti_3AlC_2 烧结样品密度和维氏硬度

烧结温度/℃	1350	1400	1450	1500	1400[a]	1500[b]
密度/g·cm^{-3}	4.127	4.198	4.226	4.232	4.2	4.21
相对密度/%	97.17	98.85	99.50	99.65	98.89	99.13
维氏硬度/GPa	3.0	3.7	2.8	2.3	3.5	2.5～4.7

a. Tzenov 报道，b. Wang 报道。

4. 热压温度对样品抗弯强度的影响

采用三点弯曲法测得热压温度1350℃、1400℃、1450℃和1500℃样品的抗弯强度分别为474MPa、544.7MPa、426.02MPa和386.86MPa，见图7-2。由图7-2可知，抗弯强度随烧结温度升高而增大，到1400℃达到最大值，而后又随烧结温度降低。这是由于随着烧结温度升高，样品致密化程度增大，所以其抗弯强度也增加。温度达到1400℃后，由于样品的晶粒随温度升高而长大，从而导致样品抗弯强度降低。4个样品的抗弯强度均比Tzenov等制得的块体材料的抗弯强度375MPa大，也比 Wang 报道的抗弯强度340MPa大得多。因此，利用燃烧合成得到的Ti_3AlC_2粉体的烧结活性较高。

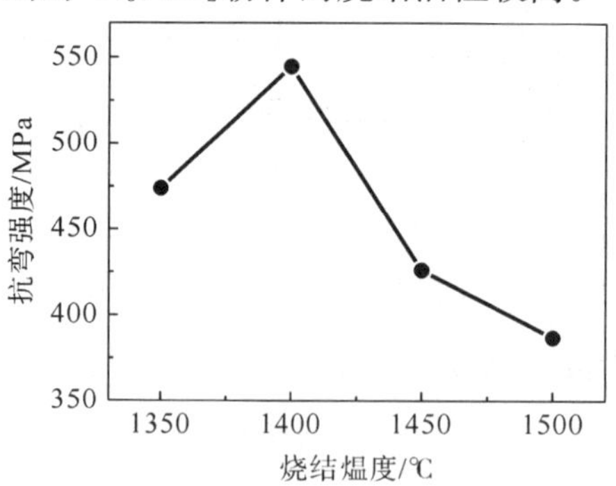

图 7-2　Ti_3AlC_2烧结样品抗弯强度随烧结温度的变化曲线

5. 热压温度对样品断裂韧性的影响

利用单边切口梁三点弯曲法分别测得1350℃、1400℃、1450℃和1500℃烧结样品的断裂韧性为8.57MPa·$m^{\frac{1}{2}}$、8.67MPa·$m^{\frac{1}{2}}$、10.08MPa·$m^{\frac{1}{2}}$和10.51MPa·$m^{\frac{1}{2}}$，见图7-3。从图可见，在实验条件下，样品的断裂韧性随热压烧结温度的增加而增大，其中热压温度1400℃与1500℃之间的断裂韧性变化幅度较大。实验中测得的断裂韧性数值均比 Wang 等的结果7.2MPa·$m^{\frac{1}{2}}$大得多，表明燃烧合成制备的Ti_3AlC_2粉体的烧结活性较高。

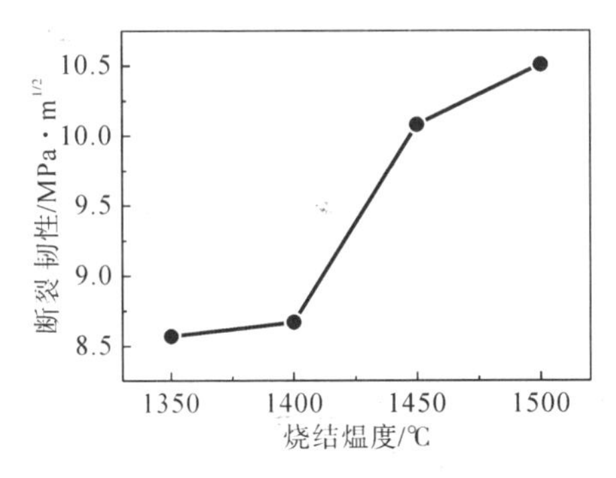

图 7-3　Ti_3AlC_2烧结样品断裂韧性随烧结温度的变化曲线

6. 热压温度对样品微观形貌的影响

图 7-4 分别为烧结块体的断口微观结构形貌图。从图可见：第一，断口都是片状或层状的微观结构，与 Ti_3AlC_2的微观结构特征一致；第二，在片状或层状间基本观察不到气孔，表明烧结块体致密程度高；第三，片状或层状晶粒之间的边界清晰，大小均匀，随热压烧结温度的升高，晶粒尺寸明显长大，晶体逐渐发育完善；第四，片状或层状的有序性随热压温度升高而增加。

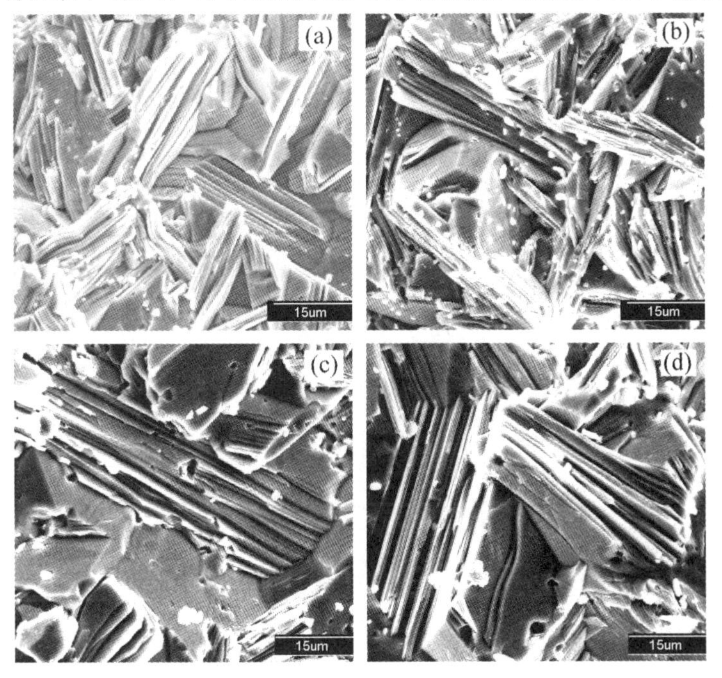

热压烧结温度：(a) 1350℃；(b) 1400℃；(c) 1450℃；(d) 1500℃

图 7-4　Ti_3AlC_2烧结样品断口显微结构照片

7. 结论

(1) 燃烧合成的 Ti_3AlC_2粉体的热压烧结活性比直接使用原料热压烧结的

高，热压烧结温度以 1400～1500℃为佳。

（2）在烧结温度为 1450℃，压力 25MPa，保温 2h 的条件下，烧结 Ti_3AlC_2粉体可得理论相对密度为 99.50%，维氏硬度 2.8GPa，抗弯强度 426.02MPa，断裂韧性 10.08MPa·$m^{\frac{1}{2}}$的烧结块体。

二、放电等离子烧结 Ti_3AlC_2 粉体的研究

放电等离子烧结（spark plasma sintering，SPS）是一种新型的材料烧结技术，除具有热压烧结的特点外，其主要特点是利用体加热和表面活化，实现超快速致密化烧结。本节研究 SHS 的 Ti_3AlC_2 粉体的放电等离子烧结，得到了致密 Ti_3AlC_2 样品。

1. 实验方法

SHS 的 Ti_3AlC_2 粉体分别进行 1300℃、1400℃、1450℃和 1500℃（校正实际烧结温度）烧结。本实验是在日本住友石碳矿业株式会社生产的 Dr Sinter，SPS－1050 放电等离子烧结炉上进行，石墨模具为 ϕ20mm。该系统的具体装置如图 7-5 所示。

放电等离子烧结的条件为：升温速率为 200℃/min，烧结过程中所加压力为 20MPa，真空下烧结，保温时间 5min，然后在 3min 之内迅速冷至600℃以下，所得样品为 ϕ20mm 的圆片。

XRD 分析烧结样品物相组成，SEM 观察烧结样品断口显微结构形貌，烧结样品密度利用阿基米德法测定，以维氏硬度计测量烧结样品的硬度。

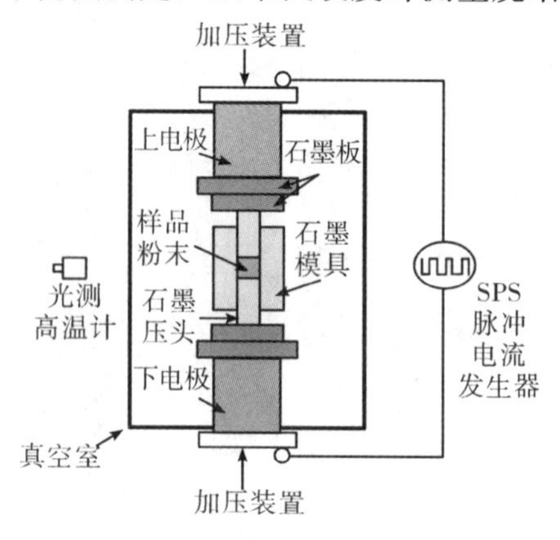

图 7-5 放电等离子烧结实验装置

2. 不同温度 SPS 烧结样品的物相分析

图 7-6 是 SHS 的 Ti_3AlC_2 粉体和不同温度烧结样品的 XRD 分析结果。图 7-6(a) 是 Ti_3AlC_2 粉体的 XRD 图谱。从烧结样品的 XRD 分析衍射峰强度（如 Ti_3AlC_2 的 2θ=9.5°和 2θ=19.2°）来看，以 1400℃和 1450℃烧结温度的衍

射峰最强。烧结温度为1300℃的样品中仍然有Ti_2AlC相，随着烧结温度的升高，其余三个烧结温度的样品中Ti_2AlC相消失，同时TiC相的含量减少，1400℃和1450℃烧结样品中的TiC含量极微，与在1400℃时的热压烧结结果一致。在烧结过程中，发生了转化Ti_2AlC与TiC生成Ti_3AlC_2 的反应：

$$Ti_2AlC + TiC = Ti_3AlC_2$$

但SPS烧结温度为1500℃时，TiC的含量却增加，同时Ti_3AlC_2的含量也减少。从烧结过程来看，烧结温度为1500℃时，有少量物质挥发出来，表明有少部分分解。这是由于烧结温度为1500℃时，其样品中心的温度高于Ti_3AlC_2的分解温度，Ti_3AlC_2分解所致，即TiC的含量增加。

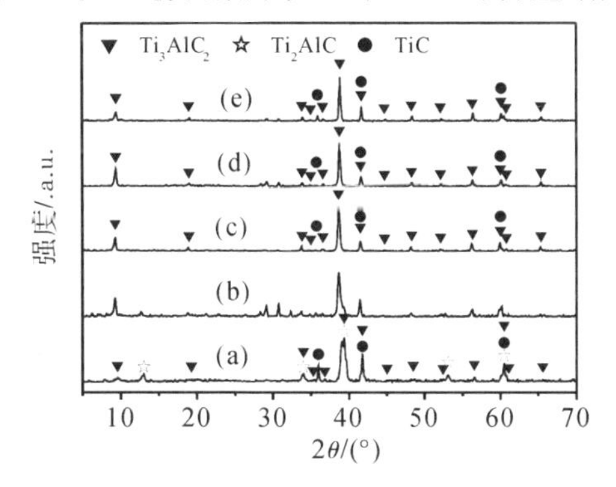

(a) SHS的Ti_3AlC_2粉体；烧结温度：(b) 1300℃；(c) 1400℃；(d) 1450℃；(e) 1500℃

图7-6 SHS的Ti_3AlC_2粉体SPS烧结样品的XRD谱图

3. 不同烧结温度对SPS烧结样品密度的影响

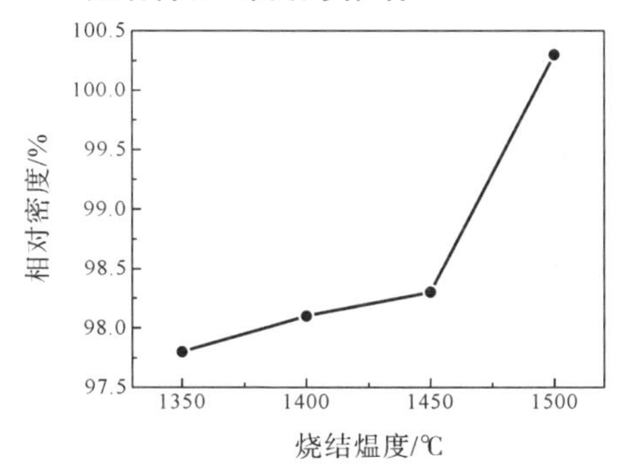

图7-7 烧结样品相对密度随烧结温度的变化曲线

图7-7是SHS的Ti_3AlC_2粉体放电等离子快速烧结体相对密度与烧结温度的关系曲线。Ti_3AlC_2的理论密度为$4.247g/cm^3$。结果表明样品的密度随烧结温度的升高而增大，从1300℃至1400℃，样品的密度变化很大，之后，烧结温度升高，样品密度变化相对较小，符合一般烧结样品密度随烧结温度的升高而增大的变化规律。样品在1450℃和1500℃时烧结体相对密度分别为98.4%

和 100%，已烧结致密。考虑到 Ti_3AlC_2 的分解温度 1400～1450℃，在本实验条件下 SHS 的 Ti_3AlC_2 粉体烧结致密温度应为 1450℃左右。

4. 不同烧结温度对 SPS 烧结样品硬度的影响

图 7-8 是 SHS 的 Ti_3AlC_2 粉体放电等离子快速烧结体维氏硬度与烧结温度的关系曲线。从图可以看出，样品烧结体的维氏硬度随烧结温度的升高而增大：1400～1450℃，硬度变化不大，约为 3.8GPa，与 Tzenov 等用 Ti、C 和 Al_4C_3 为原料，在 1400℃和 70MPa 下热等静压烧结 16h 得到样品的维氏硬度 3.5GPa 基本一致；1500℃时，烧结体的硬度为 4.2GPa，硬度随烧结温度变化较大，这是由于烧结温度升高后，一方面样品密度增加使硬度增大，另一方面可能是 Ti_3AlC_2 分解生成了部分 TiC 所致。从烧结温度为 1500℃样品烧结体的 XRD 分析结果可知，烧结样品中的 TiC 含量增加，此现象应是 Ti_3AlC_2 分解的结果。TiC 的热压烧结体的维氏硬度为 25.5GPa，比 Ti_3AlC_2 的硬度大得多。因此当烧结样品中 TiC 含量增加时，硬度增大。

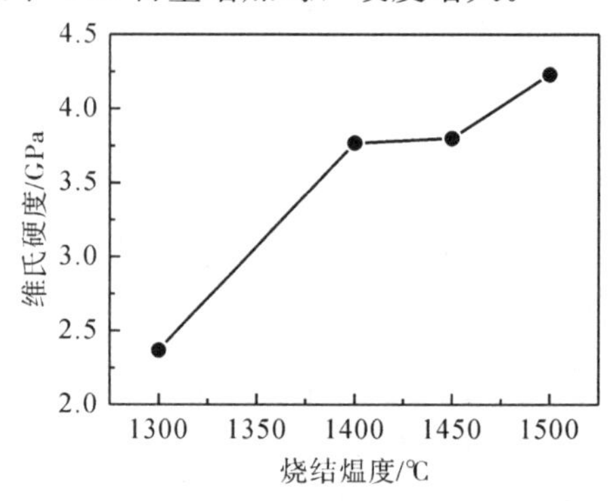

图 7-8　Ti_3AlC_2 烧结样品维氏硬度随烧结温度的变化曲线

5. 不同温度 SPS 烧结样品的显微结构比较

图 7-9 为烧结温度为 1300℃、1400℃、1450℃和 1500℃时，SHS 的 Ti_3AlC_2 粉的 SPS 快速烧结样品断口的 SEM 形貌图。从图可以看出，随着烧结温度的升高：第一，片层逐渐长大，并趋于发育良好；第二，片层间孔隙明显减少，烧结温度为 1300℃样品的断口形貌与粉体相似，有很多空隙，表明其致密程度较小，见图 7-9(a)。1400℃的样品断口中，其孔隙已较少，说明致密程度较大，见图 7-9(b)。烧结温度为 1450℃和 1500℃的样品断口，基本已观察不到孔隙，即表示烧结样品已致密，见图 7-9(c) 和 7-9(d)。SEM 形貌图表明，样品随烧结温度的升高，致密程度增加，与实验测定的烧结样品密度变化一致。

热压烧结温度：（a）1300℃；（b）1400℃；（c）1450℃；（d）1500℃

图 7-9　SPS 烧结样品断口显微结构照片

6. 小结

（1）利用 SPS 快速烧结技术将 SHS 的 Ti_3AlC_2 粉体烧结出了致密的 Ti_3AlC_2 陶瓷。在烧结温度为 1450℃，压力 20MPa，保温 5min 的条件下，烧结体相对密度达 98.4%，维氏硬度为 3.8GPa；烧结温度为 1500℃时，则烧结体相对密度为 100%，维氏硬度为 4.2GPa。

（2）烧结样品的维氏硬度随温度（1300～1500℃）的升高而增大。

（3）SPS 技术烧结制备的 Ti_3AlC_2 陶瓷，所得样品片层大小随烧结温度的升高而增大。

（4）SHS 的 Ti_3AlC_2 粉体以 SPS 技术烧结，烧结温度应在 1450℃左右。

第二节　燃烧合成 Ti_2AlC 粉体的烧结研究

一、热压烧结 Ti_2AlC 粉体的研究

本节研究以燃烧合成法制备 Ti_2AlC 的 SHS 粉体为原料，研究在不同热压温度下的烧结，测定了烧结块体的密度、维氏硬度、抗弯强度和断裂韧性等性能。

1. 实验方法

实验中所采用的 Ti_2AlC 陶瓷粉体按照第四章第三节的方法，在保持 Ti∶Al∶C=2∶1∶1（物质的量之比）的条件下添加20wt.%TiC 利用燃烧合成方法制备。

SHS 的 Ti_2AlC 粉体采用干压法成型获得素坯，然后采用多功能高温烧结炉，使用石墨坩埚对素坯进行热压烧结，烧结压力为 25MPa，升温速率为 20℃/min，氩气保护，烧结温度分别为 1350℃、1400℃、1450℃和 1500℃，达到最高温度再保温 2h 后自然冷却，制得 4 块厚度约 8mm、ϕ50mm 的圆饼状 Ti_2AlC 烧结陶瓷块体。其余处理方法同本章第一节放电等离子烧结Ti_3AlC_2粉体的研究。

2. 热压烧结样品的物相分析

图 7-10 是以 Ti_2AlC 的 SHS 陶瓷粉为原料，在不同温度（1350～1500℃）热压烧结样品和 Ti_2AlC 的 SHS 原料粉的 XRD 分析结果。图 7-10(a) 是 Ti_2AlC的 SHS 粉体的 XRD 分析结果，从图 7-10(a) 可看出，用于热压烧结的 Ti_2AlC 粉体中除 Ti_2AlC 外，仅含有少量的 TiC 和 TiAl，为纯度很高的 Ti_2AlC粉体（XRD 法测得 Ti_2AlC 约占 95vol%），XRD 法测得其晶格参数为 a=0.30525nm和 c=1.36082nm；从图 7-10(b)～7-10(c) 的 XRD 分析结果可知，在 1350℃和 1400℃热压烧结样品中只有 Ti_2AlC 单相，Ti_2AlC 原料中的 TiC 和 TiAl 已消失，说明发生了 TiC 和 TiAl 转化为 Ti_2AlC 的反应：

$$TiC + TiAl = Ti_2AlC$$

图 7-10(d)～7-10(e) 中样品的主晶相未变化，仍是 Ti_2AlC，产物中无 TiC，但都出现了另一种三元碳化合物 Ti_3AlC_2，其衍射峰强度随温度升高而增强，表明在原料粉体中的 Ti_2AlC、TiC 和 TiAl 之间发生了转化为 Ti_3AlC_2 的反应。在 1500℃的热压样品中出现较多不能确定的衍射峰，表明热压样品已发生部分分解。此外，在实验中还发现，1450℃时热压样品稍微黏附石墨模具，而 1500℃时黏附石墨模具严重，并有金属状物流出，经分析金属状物为 Al。因此 Ti_2AlC 超过 1450℃后会发生分解反应，且随温度升高 Ti_2AlC 分解程度增大，也就是说，Ti_2AlC 粉体的热压烧结温度不能超过 1450℃。

Pietzka 等的研究也表明 Ti_2AlC 在 1625℃±10℃会不相合分解为 L+TiC，但在最终烧结产物中的 XRD 结果中并无 TiC，这是由于 TiC 已转化为 Ti_3AlC_2。从以上不同热压烧结温度对烧结样品物相的分析可知，Ti_3AlC_2的生成温度比 Ti_2AlC 的高，因此，Ti_2AlC 的 SHS 粉的热压烧结温度应在 1350～1450℃。

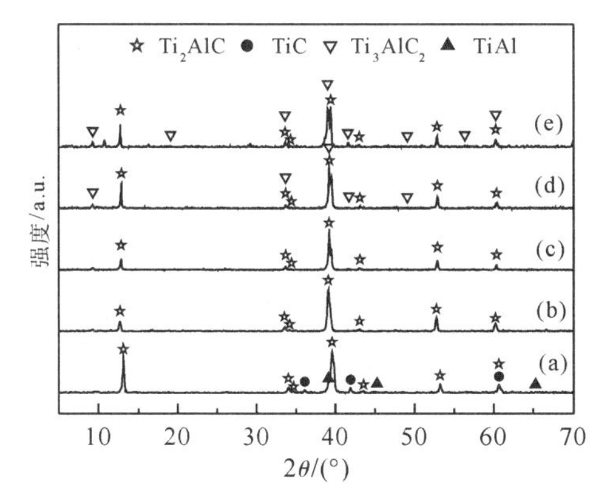

(a) SHS Ti_2AlC 粉体；烧结温度：(b) 1350℃；(c) 1400℃；(d) 1450℃；(e) 1500℃

图 7-10　SHS 的 Ti_2AlC 粉体热压烧结样品的 XRD 谱图

3. 热压温度对样品密度的影响

利用阿基米德法测定在不同热压烧结温度 1350℃、1400℃、1450℃和1500℃获得样品的密度分别为 4.020g · cm^{-3}、4.030g · cm^{-3}、4.040g · cm^{-3}、4.12g · cm^{-3}。据 Ti_2AlC 理论密度 4.11g · cm^{-3}求得样品理论相对密度，其结果见图 7-11。由于随着烧结温度升高，原子的移动距离增大，颗粒之间原始接触面由于物质传递，使粉体颗粒相互靠近并进一步增大接触面积，体积扩散和表面扩散等物质传递随温度的升高能够充分进行，颗粒之间由分子间力转变为较强的晶体结合键力，气孔的尺寸和数量逐渐减少，材料的线收缩率和致密度增大，因此，随热压烧结温度的升高，烧结样品的密度逐渐增大。在1350℃时得到的烧结样品相对密度为 97.8%，1400℃的相对密度为 98.0%，基本已致密。烧结温度为 1450℃样品的理论相对密度为 98.3%，略比 1400℃获得样品的相对密度大，但从 XRD 结果看，在 1450℃时有不纯相 Ti_3AlC_2。1500℃的密度略超过了其理论密度，其理论相对密度为 100.3%。由此可知，Ti_2AlC 的 SHS 粉的热压烧结温度应为 1400℃。

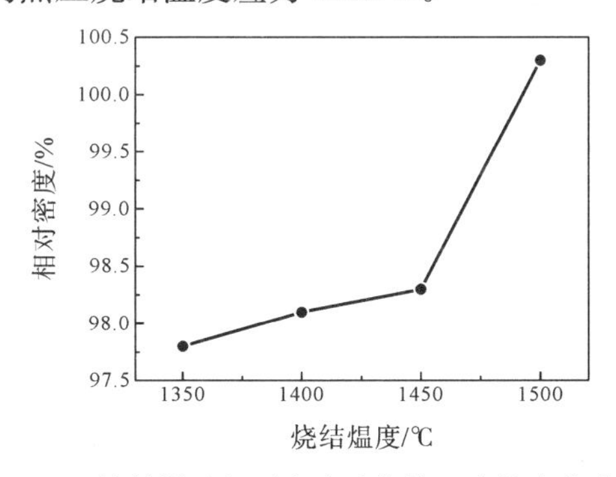

图 7-11　烧结样品相对密度随烧结温度的变化曲线

4. 热压温度对样品硬度的影响

表 7-2 是 Ti_2AlC 的 SHS 粉热压烧结样品利用压痕法测得的维氏硬度。从表中可见，维氏硬度随烧结温度升高而增大，1400℃达最大，之后随温度升高而降低。维氏硬度随温度升高而增大与样品致密程度增加相关，由于 1450℃及其以上时 Ti_2AlC 分解而导致烧结样品硬度降低，但仍大于 Wang 等利用固一液反应和同时原位热压法得到的 2.8GPa。1400℃烧结样品的维氏硬度 4.14GPa 小于 Hong 等以 Ti、TiC、Al 和活性碳为原料，在 1400℃、30MPa 下热压 1h 和 3h 制备得到样品的结果（5.58GPa 和 4.75GPa），略大于利用 SPS 法制备的 Ti_2AlC 块体的硬度 4GPa。

表 7-2 不同烧结温度 Ti_2AlC 烧结样品的维氏硬度

烧结温度/℃	1350	1400	1450	1500
维氏硬度/GPa	3.93	4.14	4.12	3.12

5. 热压温度对样品抗弯强度的影响

图 7-12 为烧结温度与抗弯强度的关系曲线。烧结温度为 1350℃时，其抗弯强度最大 445.26MPa±22.28MPa，1400℃和 1450℃的抗弯强度比 1350℃的小，但 1400℃和 1450℃的抗弯强度相差不大，分别为 396.06MPa±12.39MPa 和 389.54MPa±15.16MPa，1400℃的抗弯强度略比 1450℃的大，比 Wang 等在 1400℃所得块体的抗弯强度 275MPa 大得多。虽然从烧结样品的密度来看，1400℃和 1450℃的密度都比 1350℃的大，其样品气孔率相对较少，但由于随着热压温度升高，将导致材料晶粒长大，从而引起抗弯强度的降低。1500℃的抗弯强度为 439.44MPa±18.10MPa，比 1400℃和 1450℃的抗弯强度大，这与 1500℃时 Ti_2AlC 发生分解有关。

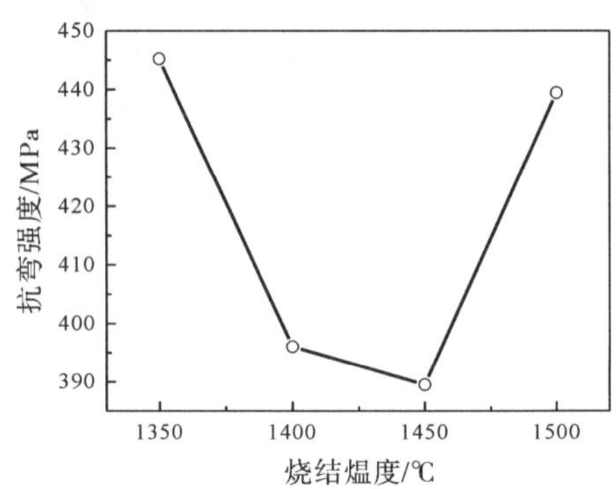

图 7-12 Ti_2AlC 烧结样品抗弯强度随烧结温度的变化曲线

6. 热压温度对样品断裂韧性的影响

从图 7-13 可以看出，Ti_2AlC 粉体烧结样品的断裂韧性随着热压烧结温度的增加而增大，与样品密度随烧结温度的变化一致。在 1350℃得到的样品断裂韧性为 7.79MPa · $m^{\frac{1}{2}}$ ±0.30MPa · $m^{\frac{1}{2}}$，1400℃的样品断裂韧性为 8.16MPa · $m^{\frac{1}{2}}$ ±0.21MPa · $m^{\frac{1}{2}}$，均比 Wang 等通过固一液反应和同时原位热压法在 1400℃所得块体的断裂韧性 6.5MPa · $m^{\frac{1}{2}}$ 大。

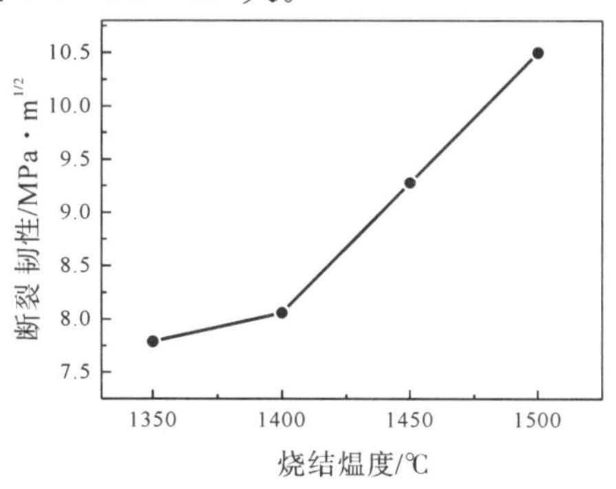

图 7-13　Ti_2AlC 烧结样品断裂韧性随烧结温度的变化曲线

7. 热压温度对样品微观形貌的影响

图 7-14 为热压温度 1350℃、1400℃、1450℃和 1500℃时烧结块体的断口微观结构形貌图。从图 7-14 中可以看出：第一，所有热压烧结块体都是片状或层状微观结构，符合 Ti_2AlC 为片状或层状的微观结构特征。Ti_3AlC_2 的微观结构形貌也为片状或层状的结构特征，结合 XRD 结果，图 7-14(c) 和图 7-14(d)中的片状或层状结构包含有 Ti_3AlC_2 成分；第二，片状或层状间基本观察不到孔隙，表明烧结块体致密程度较高，但热压温度为 1350℃的烧结块体中有较多的气孔；第三，片状或层状的晶粒边界清晰，大小均匀，晶体逐渐发育完善。随热压烧结温度的升高，晶粒尺寸明显长大，从而导致抗弯强度降低；第四，片状或层状的有序性随热压温度升高而增加。

烧结温度：(a) 1350℃；(b) 1400℃；(c) 1450℃；(d) 1500℃

图 7-14　Ti_2AlC 烧结样品断口显微结构照片

8. 小结

（1）热压烧结 SHS 的 Ti_2AlC 粉体可得到致密 Ti_2AlC 陶瓷，最佳热压烧结温度为 1400℃，热压温度在 1450℃时烧结块体会发生分解而出现杂相 Ti_3AlC_2。

（2）烧结温度为 1400℃，压力 25MPa，保温 2h 的条件下，烧结 Ti_2AlC 的 SHS 粉体可得到理论相对密度为 98.0%、维氏硬度 4.14GPa、抗弯强度 389.54MPa、断裂韧性 8.1MPa · $m^{\frac{1}{2}}$ 的烧结块体。

（3）烧结样品的密度和断裂韧性随烧结温度升高而增大，维氏硬度则以 1400℃烧结块体最大。

（4）热压烧结块体的微观晶粒片状或层状尺寸随烧结温度的升高而增大。

二、放电等离子烧结可加工 Ti_2AlC 粉体的研究

本节研究 SHS 制备的 Ti_2AlC 粉体在不同温度的放电等离子烧结，测定了烧结样品的密度和硬度，并分析了其微观结构形貌。

1. 实验方法

实验中所采用的 Ti_2AlC 陶瓷粉体按照第四章第三节的方法，在保持 Ti：Al：C＝2：1：1（物质的量之比）的条件下添加 20wt. %TiC 进行混料后，利用燃烧合成方法制备 Ti_2AlC 粉体。在日本住友石碳矿业株式会社生产的 Dr Sinter，SPS－1050 放电等离子烧结炉上进行，石墨模具为 ϕ20mm，粉体分别在 1200℃、1250℃、1300℃和 1350℃真空烧结，烧结时不添加任何烧结助剂，利用红外测温仪测量温度。

升温速率为 200℃/min，烧结过程中所加压力为 20MPa，保温 5min，然后在 3min 之内迅速冷至 600℃以下，所得样品为 ϕ20mm 的圆片。

分别用 XRD 分析烧结样品物相组成，SEM 观察样品断口的显微结构形貌，其密度利用阿基米德法测定，维氏硬度计测量硬度。

2. 不同温度 SPS 烧结样品的物相分析

图 7-15(a) 是燃烧合成法制备的 Ti_2AlC 粉体的 XRD 分析结果，图 7-15(b)～7-15(e) 为在不同温度 SPS 烧结 Ti_2AlC 粉体所得块体样品的 XRD 分析结果。从图 7-15(a) 可看出，实验中用于 SPS 烧结的 SHS 粉体其主要物相为 Ti_2AlC，XRD 法得到产物中 Ti_2AlC 的体积分数为 93%，晶格参数 a＝0.30525nm 和 c＝1.36082nm，TiC 的含量很少，其理论相对强度为 78% 的 111 峰（2θ＝35.9°）强度仅为 7%；从烧结温度为 1200～1300℃所得样品的 XRD 结果[图 7-15(b)～7-15(d)] 可知，其主晶相是 Ti_2AlC，但原粉体中的 TiC 相经 SPS 烧结后消失，同时出现了 Ti_3AlC_2，且 Ti_3AlC_2 相的衍射峰强度随烧结温度的升高而增强，这是在烧结过程中发生 Ti_2AlC 和 TiC 转化为 Ti_3AlC_2 的反应：

$$Ti_2AlC + TiC \rightarrow Ti_3AlC_2$$

烧结温度为1350℃的样品[图7-15(e)]与其他温度烧结的样品有很大差异：主要物相Ti_2AlC的衍射峰稍有减弱，出现较强的TiC衍射峰，同时Ti_3AlC_2相的含量也增加。实验中也发现，1350℃烧结时在烧结炉的室内附着有较多灰白色的粉末状物质，且烧结物被流出的金属状物黏附在石墨模具上，经分析灰白色和金属状物是单质Al，表明1350℃烧结时Ti_2AlC发生部分有Al析出的分解和转化为Ti_3AlC_2的反应。与Pietzka等关于在1625℃±10℃时Ti_2AlC会分解成$Ti_2AlC_{1-x} \rightarrow TiC + L$（液相）的研究结果一致，Pietzka MA等还估算了在1300℃生成Ti_2AlC和Ti_3AlC_2的自由能：ΔG^θ（Ti_2AlC）$=-54.8 \sim -49.6$ kJ·mol^{-1}和ΔG^θ（Ti_3AlC_2）$=-68.7 \sim -63.2$ kJ·mol^{-1}，据此可从热力学上判断Ti_2AlC的热稳定性小于Ti_3AlC_2，即Ti_2AlC较Ti_3AlC_2易分解。

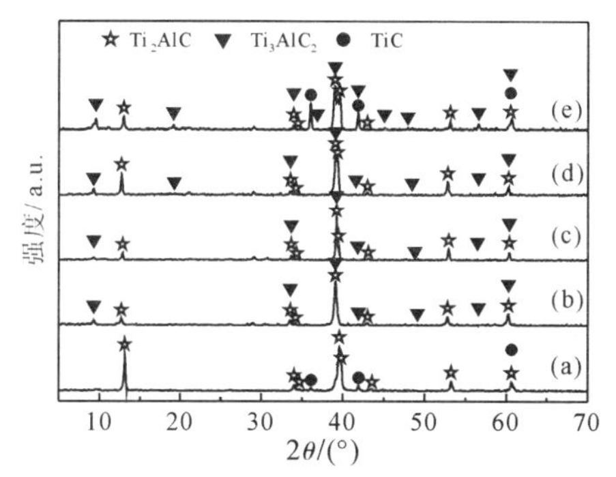

(a) SHS Ti_2AlC粉体；烧结温度：(b) 1200℃；(c) 1250℃；(d) 1300℃；(e) 1350℃

图7-15　SHS的Ti_2AlC粉体SPS烧结样品的XRD谱图（CuK_α）

3. 温度对烧结样品密度的影响

用阿基米德法测定烧结温度为1200℃、1250℃、1300℃和1350℃时的烧结样品密度分别为4.031g·cm^{-3}、4.051g·cm^{-3}、4.062g·cm^{-3}和4.228g·cm^{-3}。根据Ti_2AlC理论密度4.11g·cm^{-3}求得样品相对密度，图7-16是烧结体相对密度与烧结温度的关系。测定结果表明样品的相对密度随烧结温度的升高而增大：1200℃的相对密度为98.1%，1250℃为98.6%，1300℃为98.8%，1450℃为102.9%。从1200℃至1300℃，样品的密度变化较小，表明已烧结致密。但1350℃烧结样品的密度超过了理论密度，这是由于Ti_2AlC分解，使摩尔质量较小的Al蒸发损失，加之部分转化为密度较大的Ti_3AlC_2（4.247g·cm^{-3}）的缘故。因此，Ti_2AlC粉体的SPS烧结致密温度应在1350℃以下，结合XRD结果，以1250℃较佳。

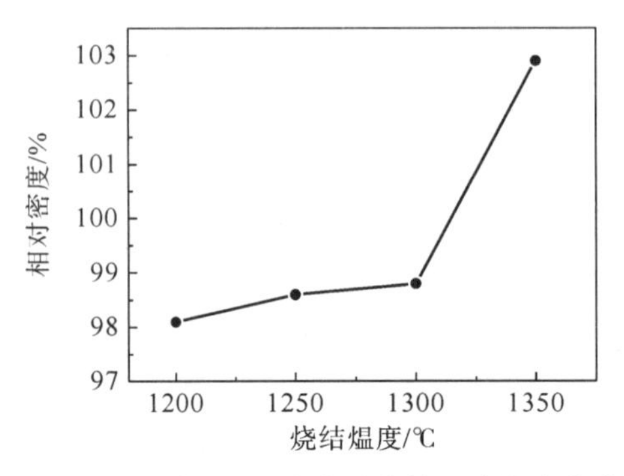

图 7-16　烧结样品相对密度随烧结温度的变化曲线

4. 温度对烧结样品硬度的影响

Ti_2AlC 块体陶瓷的维氏硬度依制备方法的不同而不同。如 Barsoum 等利用热压法得到的是 5.5GPa，而热等静压法的是 4.5GPa，Wang 等采用改进的固一液反应和同时原位热压法得到的是 2.8GPa。本实验中测得烧结温度为 1200℃、1250℃、1300℃和 1350℃时的维氏硬度分别为 3.9GPa、4.3GPa、4.1GPa 和 3.0GPa，烧结样品维式硬度随烧结温度的变化见图 7-17。以烧结温度 1250℃时的维氏硬度最大（4.3GPa），与 Barsoum 等用热等静压法的结果 4.5GPa 接近，比 Zhou 等以 Ti、Al 和 C 单质粉体为原料直接 SPS 烧结得样品的维氏硬度 4.0GPa 要稍大，而 1300℃烧结样品的维氏硬度与 Zhou 等的维氏硬度 4.0GPa 相近。1350℃烧结样品的维氏硬度仅为 3.0GPa，与 Wang 等的结果 2.8GPa 相近，但考虑到在 1350℃时 Ti_2AlC 发生分解：Ti_2AlC 转化为 Ti_3AlC_2，并蒸发损失 Al，其维氏硬度变小，与 Ti_2AlC 分解导致 Al 蒸发损失而多余的 C 遗留在样品中有关。

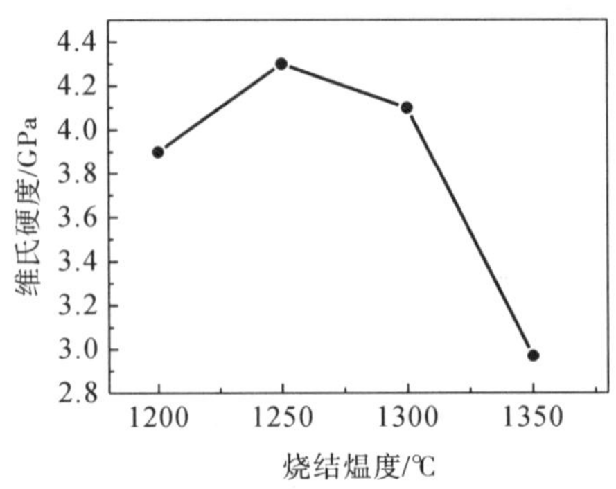

图 7-17　烧结样品维氏硬度随烧结温度的变化曲线

5. 不同温度 SPS 烧结样品的显微结构比较

图 7-18 为不同烧结温度烧结的样品断口 SEM 形貌。从图可以看出：第一，不同烧结温度的样品断口形貌都是片层或层状结构，符合 Ti_2AlC 的片层

结构特征，Ti_3AlC_2的微观形貌也为片层结构，图 7-18(d) 中已标示出 TiC 晶粒；第二，随着烧结温度的升高，片层或层状结构的有序性逐渐增强、晶粒尺寸变大，且趋于发育良好；第三，不同烧结温度的样品片层间基本观察不到孔隙，表明其致密程度相差不大。样品显微结构形貌与密度的测定结果一致。

烧结温度：(a) 1200℃；(b) 1250℃；(c) 1300℃；(d) 1350℃

图 7-18　SPS 烧结样品断口显微结构照片

6. 小结

(1) 在不添加任何烧结助剂的情况下，利用 SPS 快速烧结技术可将 SHS 的 Ti_2AlC 粉烧结成致密 Ti_2AlC 陶瓷，烧结样品密度随烧结温度的升高而增大，其中烧结温度为 1250℃，压力 20MPa，保温 5min 的条件下，烧结样品相对密度可达 98.6%，维氏硬度为 4.3GPa。

(2) 烧结样品维氏硬度开始随烧结温度升高而增大，但高于 1250℃后随温度升高反而减小。

(3) SPS 技术烧结制备的 Ti_2AlC 陶瓷，所得样品晶粒片层尺寸随烧结温度的升高而增大。

(4) SPS 技术烧结 Ti_2AlC 粉体的烧结温度应≤1300℃；最佳为 1250℃；当烧结温度≥1350℃时，Ti_2AlC 分解。

参考文献

Tzenov N V, Barsoum M W. 2000. Synthesis and characterization of Ti_3AlC_2[J]. Journal of the American Ceramic Society, 83 (4): 825－832.

Wang X H, Zhou Y C. 2002. Solid－liquid reaction synthesis of layered machinable Ti_3AlC_2 ceramic [J]. J Mater Chem, 12: 455－460.

郭俊明，戴志福，刘贵阳，等. 2007. 热压烧结燃烧合成 Ti_3AlC_2粉体的研究[J]. 稀有金属材料与工程，36 (suppl. 1): 124－127.

郭俊明，陈克新，刘光华，等. 2005. 放电等离子（SPS）快速烧结可加工陶瓷 Ti_3AlC_2[J]. 稀有金属材料与工程，34 (1): 132－134.

Wang X H, Zhou Y C. 2002. Solid－liquid reaction synthesis and simultaneous densification of polycrystalline Ti_2AlC[J]. Zeitschrift Fur Metallkunde, 93 (1): 66－71.

Hong X L, Mei B C, Zhu J Q , et al. 2004. Fabrication of Ti_2AlC by hot pressing of Ti, TiC, Al and active carbon powder mixtures[J]. Journal of Materials Science, 39 (5): 1589－1592.

郭俊明，郭德伟，刘杰，等. 2007. 热压烧结 Ti_2AlC 粉体的研究[J]. 功能材料，38 (suppl.): 3712－3714.（第六届中国功能材料及其应用学术会议，2007 年）

郭俊明，王宝森，陈克新，等. 2007. 放电等离子烧结可加工 Ti_2AlC 陶瓷的研究[J]. 稀有金属材料与工程，36 (5): 865－868.

Barsoum M W, Brodkin D T, El－Raghy T. 1997. Layered machinable ceramics for high temperature applications[J]. Scripta Mater, 36 (5): 535－541.

Barsoum M W, Ali M, El－Raghy T. 2000. Processing and characterization of Ti_2AlC, Ti_2AlN, and $Ti_2AlC_{0.5}N_{0.5}$[J]. Metall Mater Trans A, 31A (7): 1857－1865.

Zhou W B, Mei B C, Zhu J Q, et al. 2005. Rapid synthesis of Ti_2AlC by spark plasma sintering technique[J]. Materials Letters, 59 (1): 131－134.

第八章　Ti_3AlC_2和 Ti_2AlC 催化合成苯甲酸乙酯的应用研究

第一节　引　言

一、Ti_3AlC_2和 Ti_2AlC 陶瓷材料的性质

在对 Ti_3AlC_2和 Ti_2AlC 陶瓷的性质研究方面，当前主要集中在对其机械强度、抗氧化能力以及导电和导热性能的研究。研究表明，Ti_3AlC_2和 Ti_2AlC 陶瓷材料具有与金属一样的随温度升高而导电性降低的特性。同时，研究还发现 Ti_3AlC_2和 Ti_2AlC 陶瓷材料具有较好的抗氧化性、较高的断裂韧性和抗弯强度。目前，还没有任何关于 Ti_3AlC_2和 Ti_2AlC 陶瓷在石油化工、工业催化以及有机合成方面的报道。

二、苯甲酸酯类化合物的应用及合成概况

酯类化合物是一类重要的有机化合物，它们是合成药物、增塑剂、塑料、香精、香料等精细化工产品的重要中间体，还可直接作为溶剂、香精等。苯甲酸酯是酯类化合物中较为重要的一类化合物。苯甲酸乙酯是苯甲酸酯的一个明星化合物。它可用于调制食用香精、皂用香精和烟草用香精等。苯甲酸乙酯还是一些重要药物的原料药，如用于抗流感药达菲的合成（合成路线见图 8-1）。由于食品工业对天然苯甲酸和苯甲酸钠的需求量持续增加以及对食品的高标准要求，人们常利用将粗的苯甲酸酯化后再水解的方法来获得食品级的苯甲酸及苯甲酸钠。具体步骤为：天然苯甲酸粗提物→催化剂作用下与乙醇反应获得苯甲酸乙酯→分离得到纯的苯甲酸乙酯→使用食品级 NaOH 水解苯甲酸乙酯→获得食品级的苯甲酸钠→酸化、重结晶获得高纯度食品级的苯甲酸。同时，苯甲酸乙酯还被用做研究酯的模型化合物，特别是被用做工业中大量使用的酯在酸碱催化剂上的吸附与解吸以及在酸性催化剂上的合成及水解的酯类模型化合物。此外，一些苯甲酸乙酯的衍生物，如苯佐卡因（对氨基苯甲酸乙酯）、苯甲酸几丁质可直接做为药物使用。苯佐卡因可用于局部麻醉，常被用于创面、溃疡面及痔疮等的镇痛。目前工业合成苯佐卡因的方法中酯化反应是必不可少的中间步骤（图 8-2）。用苯甲酸酯化后的几丁质大大提高了几丁质的药物效果，此外，还可以把苯甲酸的杀菌效果引入，从而增加药物的杀菌作用。苯甲

酸几丁质的合成则是用 $TFAA/H_3PO_4$ 做催化剂催化苯甲酸酯化几丁质而得到需要的产物（图 8-3）。可以看出，苯甲酸酯类化合物有着广泛的应用前景，其应用及合成方法也一直受到人们的关注。

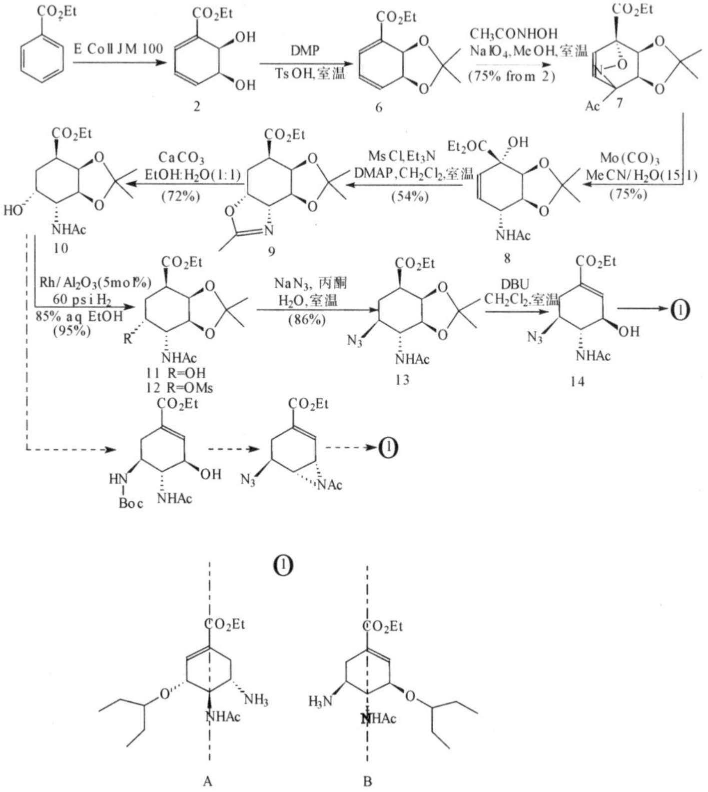

图 8-1　以苯甲酸乙酯为原料合成达菲的技术路线

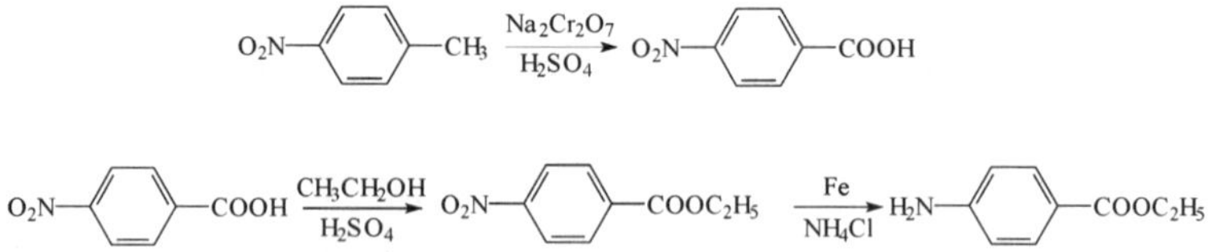

图 8-2　苯佐卡因（对氨基苯甲酸乙酯）的合成路线

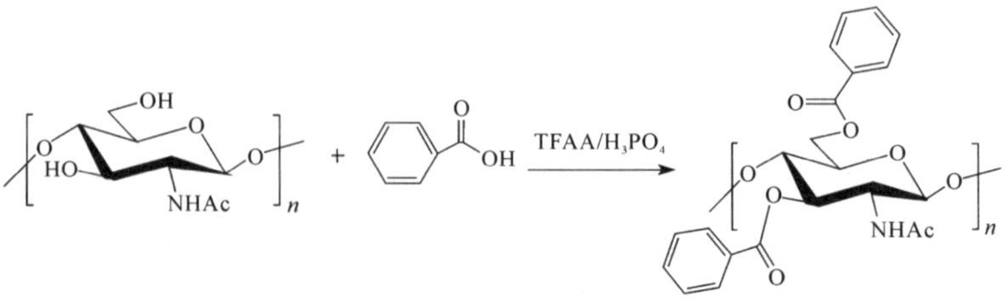

图 8-3　苯甲酸几丁质的合成

传统的合成苯甲酸乙酯的方法主要是采用浓H_2SO_4等矿物酸做催化剂，该类催化剂的催化效果明显，收率较高，但催化剂不能够重复使用，且后续处理需要用到大量的碱，稍微处理不当极易造成二次污染，如果反应条件控制不当还容易造成乙烯、乙醚和焦化物等副产物产生或增加。针对矿物酸的缺点，人们采用一些常见的路易斯酸，如$NaHSO_4$、$SnCl_4 \cdot 5H_2O$、$FeCl_3 \cdot xH_2O$等作催化剂催化苯甲酸酯化合成苯甲酸乙酯，但该方法的催化剂使用量较直接使用矿物酸的大且不能够重复使用，苯甲酸乙酯的产率相对矿物酸也较低。随后，人们采用SiO_2负载$ZnCl_2$、强酸性离子树脂、$CuCo_2O_4$等作催化剂合成苯甲酸乙酯，克服了催化剂不能够重复使用的缺点，但在反应时间上面依然没有多大优势。为了缩短反应时间，微波辅助外加路易斯酸催化的方式被用于苯甲酸乙酯的合成（图 8-4）。微波辅助的方式有效缩短了反应时间，且产物的收率较高，但相对普通酯化装置而言，微波设备价格更贵，且反应速率剧烈不易掌控，此外还需加大催化剂的用量以有效提高苯甲酸乙酯的产率。考虑到现有的方法缺点，采用微反应器为苯甲酸酯化的反应容器，虽然单位时间苯甲酸的转化率高、苯甲酸乙酯的选择性也很高，但单程获得的苯甲酸乙酯的量较少，不适合工业化生产。此外，也有采用氧化苄基醚、醛、苯甲醇到苯甲酸乙酯，然而氧化法导致副产物增加，且反应难以控制（图 8-5）。

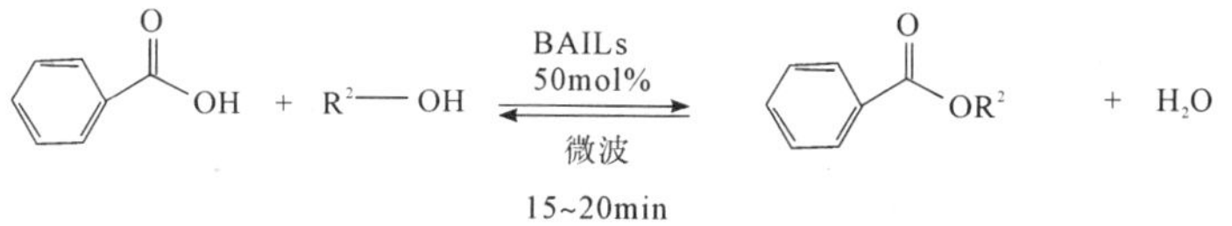

图 8-4　微波下路易斯酸催化合成苯甲酸酯

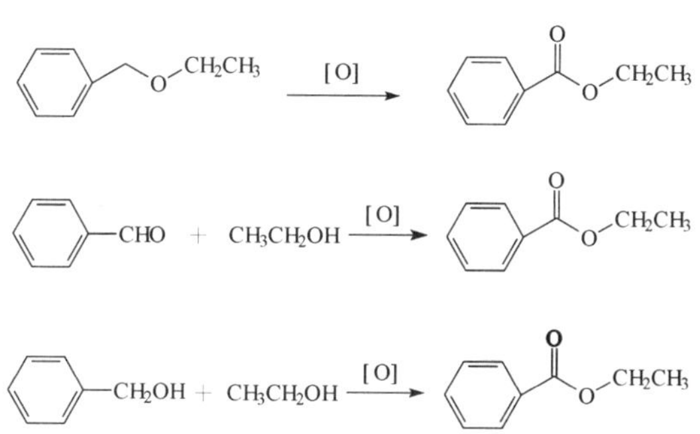

图 8-5　氧化法合成苯甲酸乙酯

当前，尽管合成苯甲酸乙酯的方法很多，但各种方法或多或少存在腐蚀设备、产率低、环境污染大、反应时间长、副产物多、设备昂贵等缺点。尤其是为解决工业合成方法中比较突出的环境污染问题，科学家们不停地寻找一种转化率高、选择性好、环境污染小的合成苯甲酸乙酯的新方法，更希望能据此找到一种能替代矿物酸的广谱性的酯化催化剂。

寻找高效率、无污染、可重复使用的多相（非均相）催化剂是当前有机合成的研究重点之一。同时，扩展陶瓷材料在非传统领域的应用也正是材料学家追求的目标之一。本章考察 Ti_3AlC_2、Ti_2AlC 催化苯甲酸合成苯甲酸乙酯的催化性能。

第二节　实验方法

一、试剂与仪器

见第二章。

二、实验内容

1. Ti_3AlC_2 和 Ti_2AlC 的合成

实验中的 Ti_3AlC_2 粉体，按照第三章第六节的方法制备 Ti_3AlC_2 粉体。在保持化学式 Ti_3AlC_2 计量比 Ti∶Al∶C＝3∶1∶2 的情况下添加 30％TiC 配料，混合均匀后，在氩气保护下利用燃烧合成法制备 Ti_3AlC_2 粉体，100 目过筛备用；Ti_2AlC 粉体按照第四章第三节的方法，在保持 Ti∶Al∶C＝2∶1∶1（物质的量之比）的条件下添加 20wt.％TiC 利用燃烧合成方法制备。

2. 苯甲酸乙酯的合成

除特别注明的以外，所有的催化酯化反应实验都是在 250mL 的三颈瓶中进行，三颈瓶上装配有回流冷凝管，催化装置放置在恒温油浴（集热式磁力搅拌器，温度精度±1℃）中。典型的合成反应如下：称取苯甲酸 1.220g（10mmol）放入 250mL 三颈瓶中，然后依次加入 0.195g（1mmol）的 Ti_3AlC_2 和 150mL 的无水乙醇（99.5％），装上回流冷凝管。然后把装置放置到装有甘油的集热式磁力搅拌器上，开启搅拌器，调节转速 2000r/min，设置反应温度为 120℃。待反应进行 12h 后，停止反应（反应方程式见图 8-6），取出反应物，过滤分离掉催化剂，再用无水 $MgSO_4$ 干燥、过滤后，最后进行产物分析。

不同反应时间、温度、催化剂量的催化反应步骤同上。

所有实验均重复 2～3 次以保证结果的可重复性。

$$C_6H_5COOH + CH_3CH_2OH \xrightarrow[\triangle]{催化剂} C_6H_5COOC_2H_5$$

图 8-6　催化苯甲酸合成苯甲酸乙酯

3. 催化反应产物的分析

采用高效液相色谱仪对产物进行分析。高效液相色谱仪（北京普析通用，

LC600）分析条件如下：C－18柱（250mm×4.6mm×10μm）；柱温25℃；进样体积20μL；检测波长239nm；流动相A相为0.1%H_3PO_4；流动相B相为甲醇；A相∶B相=3∶7（V/V）；停止时间15min。

苯甲酸乙酯的产率计算则采用归一化法进行计算，具体公式计算如下：

$$C=\frac{(A_{苯甲酸乙酯}/150)}{(A_{苯甲酸乙酯}/150)+(A_{苯甲酸}/122)}\times 100\%$$

式中，C为苯甲酸乙酯的产率；$A_{苯甲酸乙酯}$为苯甲酸乙酯的峰面积；$A_{苯甲酸}$为苯甲酸的峰面积。

第三节　Ti_3AlC_2和Ti_2AlC催化合成苯甲酸乙酯分析

从Ti_3AlC_2和Ti_2AlC两种化合物出发，对苯甲酸催化合成苯甲酸乙酯进行了初步的探索。在此基础上，进一步就反应温度、反应时间对催化剂的催化性能进行探讨。

一、Ti_3AlC_2与H_2SO_4的催化效果比较

成熟的工业合成苯甲酸乙酯方法如下：浓H_2SO_4作催化剂，苯作溶剂和带水剂，苯甲酸与乙醇的比例为1∶2～1∶3，苯甲酸与催化剂的比例为100∶5，回流至分水器中无水分出为止。该法苯甲酸乙酯的单程收率在80%～90%，但该法在反应过程中必须小心控制反应温度，反应温度升温过高、过快，都会造成乙醇生成乙醚、乙烯等副产物，同时还可能导致苯甲酸部分碳化，从而影响苯甲酸乙酯的收率和纯度。此外，该方法所用的苯是强致癌物，浓H_2SO_4也无法重复使用。

基于以上缘故，并考虑到苯的强致癌性。在比较浓H_2SO_4和Ti_3AlC_2、Ti_2AlC的催化性能的研究过程中没有使用苯作溶剂，而是用无水乙醇做溶剂和反应剂与苯甲酸反应。同时为了保证Ti_3AlC_2催化剂能够充分地与苯甲酸和乙醇接触，设置了如下反应条件：在100mL圆底烧瓶中依次加入1mmol的苯甲酸、30mL的无水乙醇、0.1mmol的催化剂（浓H_2SO_4和Ti_3AlC_2），然后装上回流冷凝管，控制所需集热式磁力搅拌器的温度和时间，控制搅拌器的转速为2000r/min。当到达预定的反应时间时，取出反应混合物，过滤，滤液用无水$NaSO_4$干燥后用高效液相色谱仪检测苯甲酸乙酯的含量。比较实验结果见表8-1。

表 8-1　Ti_3AlC_2与H_2SO_4的催化效果比较

编号	催化剂	反应时间/h	反应温度/℃	除水剂/g	产率/%
1	H_2SO_4	2.0	95[b]	—	49.8
2	H_2SO_4	2.0	95	2.0	60.5
3	Ti_3AlC_2	6.0	95	—	5.10
4	Ti_3AlC_2	8.0	95	2.0	5.40
5	Ti_3AlC_2	6.0	110	—	6.82
6	Ti_3AlC_2	6.0	120	—	9.30
7	Ti_3AlC_2	6.0	130	—	10.67

从表 8-1 可以看出，在相同反应温度下，当浓H_2SO_4作催化剂时，反应 2h 后苯甲酸乙酯的含量就可以达到 49.8%。考虑到苯甲酸乙酯在有酸或者碱存在的情况下会水解（图 8-7），又在反应装置[图 8-8(a)]上进行了改进，加装了一个索氏提取装置[图 8-8(b)]，并在里面装入 2.0g 的 4Å 分子筛去除反应体系中的水。可以看出当使用 4Å 分子筛脱水后，浓H_2SO_4合成苯甲酸乙酯的产率可以从 49.8%（表 8-1，编号 1）提高到 60.5%（表 8-1，编号 2），产率提高了 10.7%，产率增幅达 21.5%。

产率增幅=[（60.5%−49.8%）/49.8%]×100%=21.5%

这说明使用浓H_2SO_4做催化剂时，使用脱水剂是有必要的。

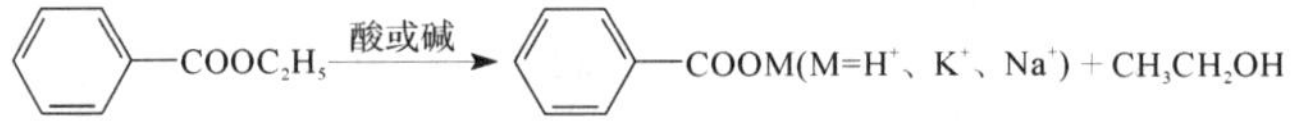

$$C_6H_5COOC_2H_5 \xrightarrow{\text{酸或碱}} C_6H_5COOM(M=H^+、K^+、Na^+) + CH_3CH_2OH$$

图 8-7　苯甲酸乙酯的水解

当采用Ti_3AlC_2作催化剂时，如果没有 4Å 分子筛作脱水剂的情况下，反应 6h 后苯甲酸乙酯的产率仅为 5.10%（表 8-1，编号 3）；如果使用 4Å 分子筛作脱水剂时，反应相同时间（6h）后所得到的苯甲酸乙酯与不用 4Å 分子筛的几乎没有区别。当反应时间延长到 8h 后，苯甲酸乙酯的产率也仅为 5.40%（表 8-1，编号 4）。导致在使用Ti_3AlC_2作催化剂时，4Å 分子筛作脱水剂不能够大幅提高苯甲酸乙酯的原因可能是：①苯甲酸在Ti_3AlC_2的催化下转化为苯甲酸乙酯的效率很低，还没有达到苯甲酸乙酯水解平衡时所需的苯甲酸乙酯的量；②4Å 分子筛脱水效果欠佳。然而，从在浓H_2SO_4作催化剂时，4Å 分子筛脱水效果明显，由此足以说明可能的原因应为Ti_3AlC_2的催化效率很低。

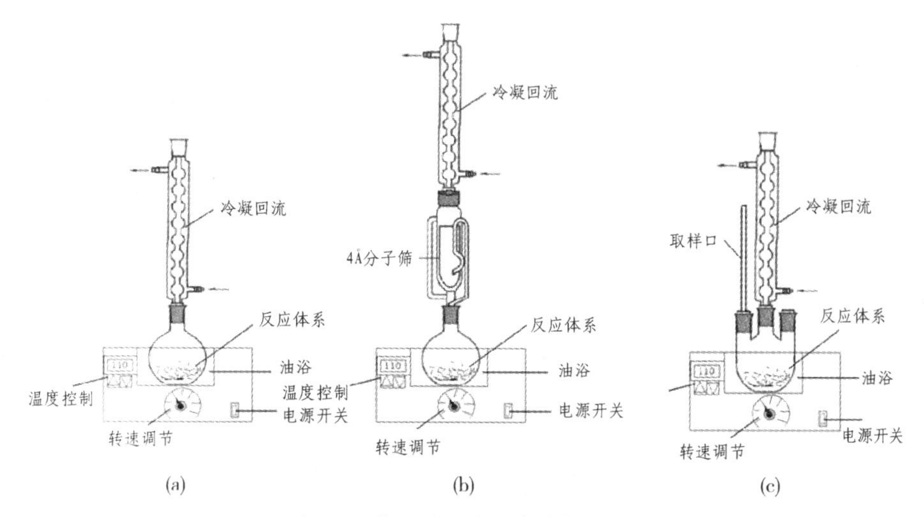

图 8-8 苯甲酸乙酯的合成装置图

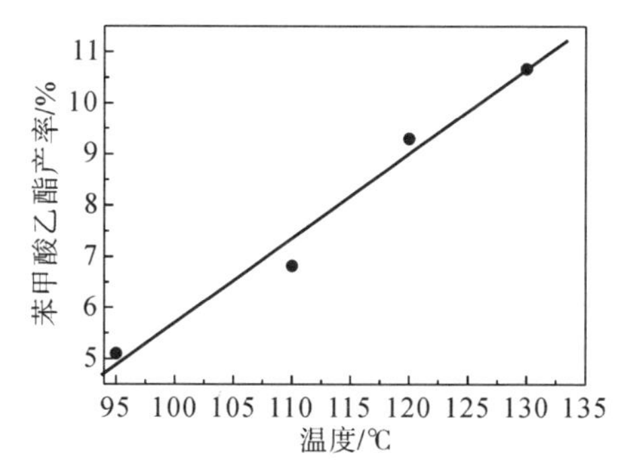

图 8-9 苯甲酸乙酯与反应温度的关系

在催化反应中，温度是影响催化效果的主要因素之一。因此，希望通过提高反应温度来获得更多的苯甲酸乙酯（见表 8-1，编号 5～编号 7）。可以看出，当温度升高时，苯甲酸乙酯的产率也不断升高。当温度升高到 130℃，苯甲酸乙酯的产率可达到 10.67%。但是，当温度超过 130℃时，几乎没有苯甲酸乙酯可以获得，这可能是苯甲酸在此温度下大量升华而无法与 Ti_3AlC_2催化剂充分接触的缘故。同时，实验过程中发现，在相同实验条件（1mmol 苯甲酸、30mL 无水乙醇、0.1mmolTi_3AlC_2，反应时间：6h）下，不同温度范围（95～130℃），苯甲酸乙酯的产率与温度的升高成正比（图 8-9，$y=0.159x-10.79$，$R=0.977$）。这说明提高反应温度能够加速苯甲酸与乙醇的反应，从而获得更多的苯甲酸乙酯。

二、Ti_3AlC_2与 Ti_2AlC 的催化效果比较

当反应条件为 0.122g（1mmol）苯甲酸、30mL 无水乙醇、0.1mmol 催

化剂（Ti_3AlC_2或者 Ti_2AlC）时，实验结果见表 8-2（其中编号 1 和编号 6 用 2.0g 的 4Å 分子筛作除水剂）。

表 8-2 Ti_3AlC_2和 Ti_2AlC 催化合成苯甲酸乙酯的性能比较

编号	催化剂	反应时间/h	反应温度/℃	产率/%
1	Ti_3AlC_2	8.0	95	5.40
2	Ti_3AlC_2	6.0	95	5.10
3	Ti_3AlC_2	6.0	110	6.82
4	Ti_3AlC_2	6.0	120	9.30
5	Ti_3AlC_2	6.0	130	10.67
6	Ti_2AlC	8.0	95	2.53
7	Ti_2AlC	6.0	110	<0.01
8	Ti_2AlC	8.0	60	8.22

从表 8-2 中可以看出，Ti_3AlC_2和 Ti_2AlC 对催化苯甲酸合成苯甲酸乙酯均有一定的效果，然而其催化性能却有所不同。在实验过程中，首先对比了 Ti_3AlC_2和 Ti_2AlC 在相同反应条件下且反应温度为 110℃时的催化效果。在 110℃下，Ti_3AlC_2作催化剂时，苯甲酸乙酯的产率为 6.82%（表 8-5，编号 3）；然而，在同样的条件下，用 Ti_2AlC 作催化剂时，几乎没有苯甲酸乙酯产生（表 8-2，编号 7）。即使把反应温度升高到 130℃时，Ti_2AlC 也不能够促使苯甲酸向苯甲酸乙酯转化。但反应温度降低时，Ti_2AlC 却能够促使苯甲酸向苯甲酸乙酯转化。当设置反应温度为 60℃时，反应 8h，苯甲酸乙酯的产率达到 8.22%（表 8-2 编号 8）。这说明 Ti_2AlC 可能适合于那些热解型的酯类化合物的合成，是否有这一效果还需要进一步研究证实。

考虑到 Ti_3AlC_2的催化效率随温度的升高而增加，这一特性与现有所报道的固体酸催化的性能一致，也符合物理化学的相关知识，因此，就 Ti_3AlC_2进行更深层次的探讨。

三、Ti_3AlC_2催化效果的影响因素探索

1. 碱对 Ti_3AlC_2催化效果的影响

据 Rad 报道，少量的碱可以促进固体酸催化苯甲酸转化到苯甲酸乙酯，其可能的原因是碱可以使苯甲酸反应生成苯甲酸盐，从而有利于苯甲酸根与固体酸的酸位结合，进而加速其向苯甲酸乙酯转化（见图 8-10）。

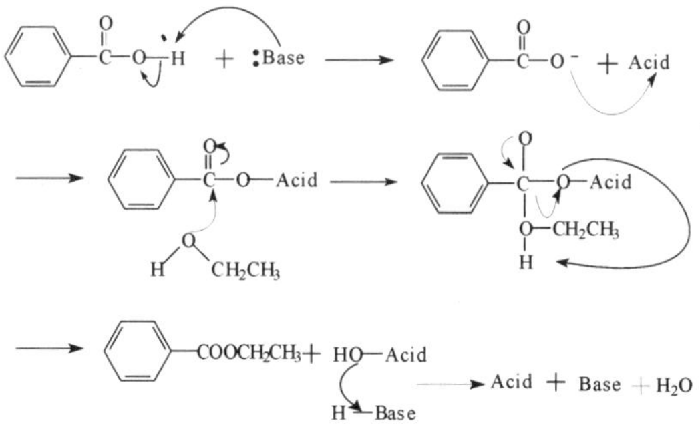

图 8-10 碱促进苯甲酸转化成苯甲酸乙酯的可能途径

考察了 NaOH、Na_2CO_3和 $NaHCO_3$三种常用碱对苯甲酸乙酯合成的影响。同时为了便于与已有文献比较，实验中设置了如下的反应条件：苯甲酸（1.220g，10mmol 与之前的量扩大 10 倍）、Ti_3AlC_2（0.195g，1mmol 与之前的量扩大 10 倍）、150mL 无水乙醇（与之前的量扩大 5 倍）、苯甲酸物质的量的 20%或 60%的碱；反应温度 110℃，转速 2000r/min，反应时间从 2h 至 30d。到达预定反应时间后，停止反应，取出反应物，过滤分离掉催化剂和碱，再用无水 $MgSO_4$干燥、过滤后，最后进行产物分析。实验结果见图 8-11～图 8-16，但碱对该反应并没有很好的促进作用。从图 8-11 还可以看出，当反应体系扩大之后，在相同反应时间和温度下，苯甲酸乙酯的产率由原来的 6.82%降低到 0.48%，降低幅度达到 1320%：

$$降低幅度=\frac{6.82\%-0.48\%}{0.48\%}\times100\%=1320\%$$

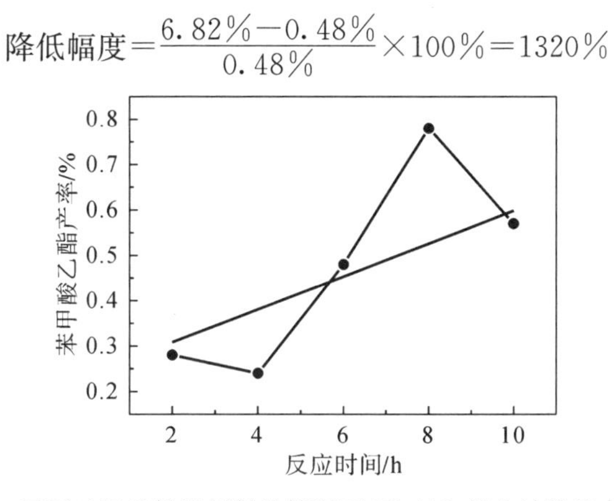

图 8-11 不同时间无促进剂促进情况下 Ti_3AlC_2催化效果及产物趋势

从图 8-11 中可以看出，仅仅只用 Ti_3AlC_2作催化剂的产率不太高。为了进一步考察反应时间对 Ti_3AlC_2催化效果的影响，实验中又把反应时间延续到 30d，实验效果并不理想，此时苯甲酸乙酯的产率也仅为 0.58%。从图 8-11 可以看出，仅在一段时间内，产率增加较快。从图 8-11 中增加的产率随时间变化的趋势线上看，应该是随着反应时间的增加，苯甲酸乙酯的产率增加，但由于平衡的影响，再增加反应时间，苯甲酸乙酯的产率增加并不明显，即使把反应时间延长到 720h（30d）时，苯甲酸乙酯的产率也没有超过 1.00%。

根据 Rad 等报道，在合成苯甲酸乙酯的过程中加入一定量的碱[碱与反应底物的物质的量之比为 75%（0.015∶0.02）]对酯化反应有促进作用，可以提高酯的产率。以此为依据，在设计用碱作促进剂的实验过程中，首先使用了碱与苯甲酸的物质的量之比为 20%的 NaOH 作促进剂。从图 8-12 可以明显看出，当使用 20% NaOH 作促进剂时，反应 2h 后，苯甲酸乙酯的产率为 0.03%；反应 10h 后，苯甲酸乙酯的产率也仅为 0.05%。从苯甲酸乙酯的产率上看，NaOH 不仅没有促进苯甲酸乙酯的生成，反而还比相同反应时间的无碱作促进剂的效果要差。不同时间下 20% NaOH 作促进剂、Ti_3AlC_2 作催化剂得到的苯甲酸乙酯产率仍然呈上升趋势。这说明反应时间对苯甲酸乙酯的产率有较大的影响。考虑到即使在反应 22h 后苯甲酸乙酯的产率也仅为 0.07%，同时根据 Rad MNS 等所用碱的量，说明碱的用量过少是造成苯甲酸乙酯的产率较低的可能原因。

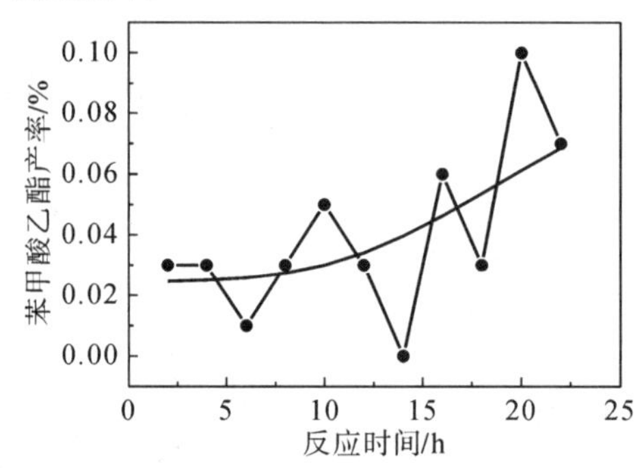

图 8-12　不同时间下 20%NaOH 对 Ti_3AlC_2 催化效果的影响及产物趋势

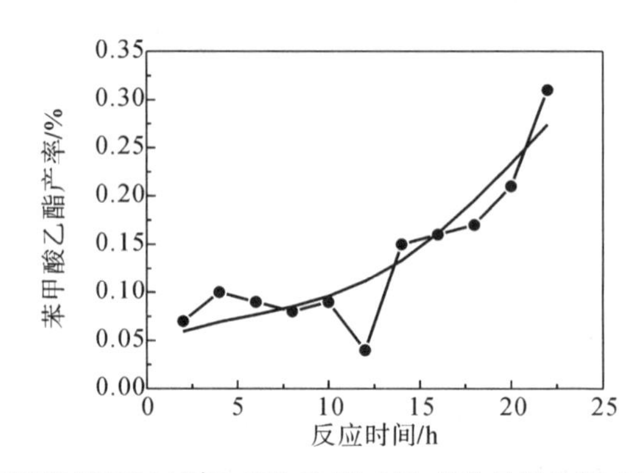

图 8-13　不同时间下 60%NaOH 对 Ti_3AlC_2 催化效果的影响及产物趋势

同时，在实验过程中发现，所用的 NaOH 没有完全溶解到反应体系中，经过一段时间的回流后，部分 NaOH 随着搅拌会附着在三颈烧瓶的内壁上，这使得NaOH无法与苯甲酸充分接触，从而不能够很好地促进反应。因此，对实验进行改进，把NaOH的量放大到60%后进行反应，以期得到更高的产率。从图8-13可以看出，当改用碱与苯甲酸物质的量之比为60%NaOH作促进剂时，在相同的考察条件下，苯甲酸乙酯的产率的上升趋势比用20%NaOH作促进剂时更为明显。然而，虽然苯甲酸乙酯的产率比用20%NaOH作促进剂时有所提高，但仍然低于单纯使用Ti_3AlC_2作催化剂的产率。

图8-14是碱性较弱的Na_2CO_3对催化反应的催化实验结果。实验设计仍然是从碱与苯甲酸物质的量之比为20%开始。可以看出，使用20% Na_2CO_3作促进剂时，苯甲酸乙酯的产率依然明显低于单纯用Ti_3AlC_2作催化剂时的产率。说明用物质的量之比为20%的Na_2CO_3作促进剂也没有获得所期望的效果。

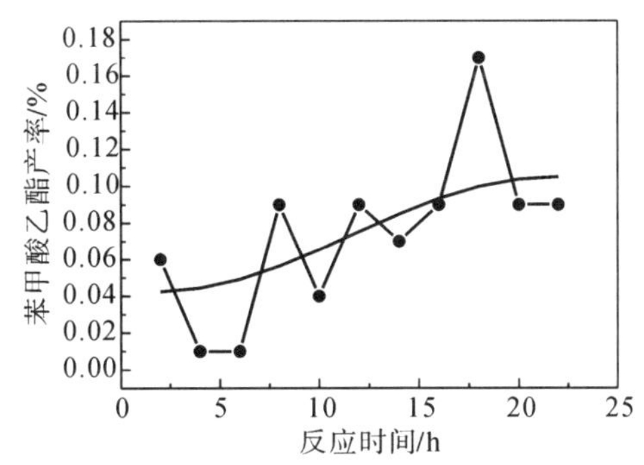

图8-14 不同时间下20%Na_2CO_3对Ti_3AlC_2催化效果的影响及产物趋势

图8-15是碱与苯甲酸物质的量之比为60%的Na_2CO_3作促进剂。产率随着时间的增加而减小。

为了避免因反应时间过短造成的苯甲酸乙酯的产率不高，又把反应时间进一步延长至30d。然而，苯甲酸乙酯的产率也没有明显的提高，产率仅为0.99%。

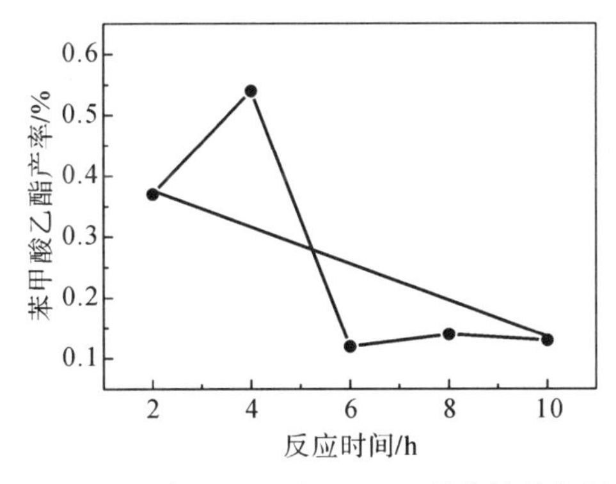

图8-15 不同时间下60%Na_2CO_3对Ti_3AlC_2催化效果的影响及产物趋势

通过对 NaOH 和 Na_2CO_3促进效果进行比较发现，Na_2CO_3的促进效果略优于 NaOH。同时，考虑到 Na_2CO_3的碱性较 NaOH 弱，而且从上述实验可以看出，碱的碱性越弱，对促进苯甲酸转化为苯甲酸乙酯的效果越好。因此，进一步改进实验方案，测试了碱性更弱的 $NaHCO_3$对苯甲酸转化为苯甲酸乙酯的促进作用，见图 8-16。

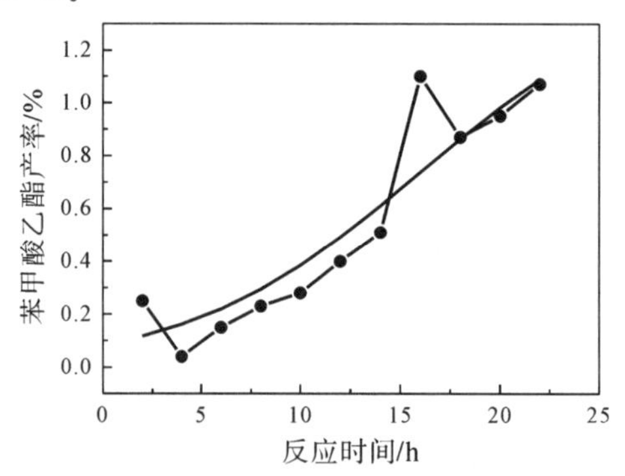

图 8-16 不同时间下 20％$NaHCO_3$对 Ti_3AlC_2催化效果的影响及产物趋势

从图 8-16 可以看出，用 20％ $NaHCO_3$作促进剂时，苯甲酸乙酯转化率呈明显的上升趋势，且产率比使用 NaOH、Na_2CO_3作促进剂时高。说明相同条件下，$NaHCO_3$的促进效果优于 Na_2CO_3和 NaOH。然而，其产率的并不是呈几何倍数的增加。

通过比较是否加入碱的情况，还可以看出：

(1) 在使用与不使用促进剂时，苯甲酸乙酯的产率由高到低的大致顺序为：无促进剂＞$NaHCO_3$ （20％）＞Na_2CO_3 （60％）＞Na_2CO_3 （20％）＞NaOH（60％）＞NaOH（20％）；

(2) 当使用碱作促进剂时，产物随时间的增加与降低并无规律，会出现苯甲酸乙酯产率的增加或降低。这可能是由于所使用的碱不能很好地溶解到反应体系中，少部分的碱附着在三颈烧瓶的内壁上，不能与反应底物充分接触的原因。

综上所述，不用碱（图 8-11）和用碱（图 8-12～图 8-16）的催化效果的差别不是很大。当使用 NaOH、Na_2CO_3作促进剂时，不仅没有大幅提高苯甲酸乙酯的产率，反而使得苯甲酸乙酯的产率有所降低；当使用 $NaHCO_3$作促进剂时，虽然其效果好于用 NaOH 和 Na_2CO_3，但仍然低于单纯的 Ti_3AlC_2的催化效果。

2. 中性物质对 Ti_3AlC_2催化效果的影响

通过研究碱对苯甲酸转化为苯甲酸乙酯的促进作用，可以发现：碱的碱性越弱，对苯甲酸乙酯产率的提高越为明显。因此，在相同的条件下进一步考察了中性物质的促进作用，选用了典型的中性物质无水 Na_2SO_4作促进剂和本反应体系的脱水剂。此外，还希望通过使用 Na_2SO_4能够在反应体系中形成如下反应（图 8-17）而达到促进产率提高的效果。当反应条件为 1.22g（10mmol）苯甲酸、150mL 无水乙醇、0.195g（1mmol）Ti_3AlC_2催化剂、反应温度110℃时，其实验结果见图 8-12。

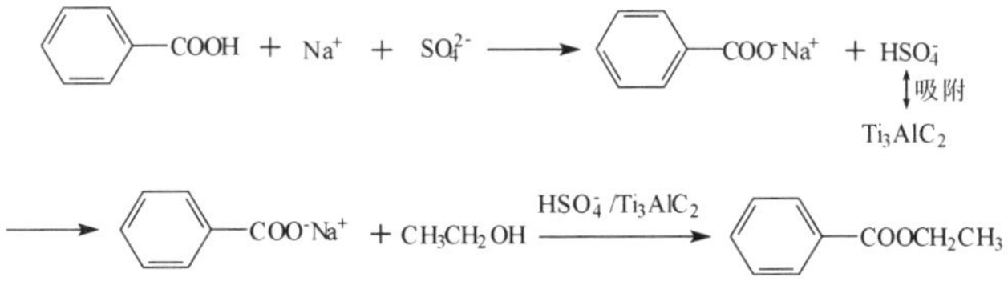

$$C_6H_5COOH + Na^+ + SO_4^{2-} \longrightarrow C_6H_5COO^-Na^+ + HSO_4^-$$

$$HSO_4^- \updownarrow \text{吸附} \; Ti_3AlC_2$$

$$\longrightarrow C_6H_5COO^-Na^+ + CH_3CH_2OH \xrightarrow{HSO_4^-/Ti_3AlC_2} C_6H_5COOCH_2CH_3$$

图 8-17 Na_2SO_4促进反应的可能途径预测

从表 8-3 可以看出，用中性物质无水 Na_2SO_4作促进剂时，苯甲酸乙酯的产率不仅没有大幅提高，反而使得苯甲酸乙酯的产率降低较多。在反应 10h 后，使用了 Na_2SO_4的苯甲酸乙酯的产率仅为 0.13%，比没有使用 Na_2SO_4的苯甲酸乙酯的产率低了 4 倍多。此外，通过比较发现，中性 Na_2SO_4并不比$NaHCO_3$更具有促进作用，反而促进作用还比 $NaHCO_3$低。是否暗示$NaHCO_3$中的 H^+对反应有促进作用？

表 8-3 中性物质对 Ti_3AlC_2催化效果的影响

编号	中性物质	用量/%	反应时间/h	产率/%	编号	中性物质	用量/%	反应时间/h	产率/%
1			2	0.28	6			2	0.04
2			4	0.24	7			4	0.06
3	无促进剂	—	6	0.48	8	无水 NaSO4	60	6	0.07
4			8	0.78	9			8	0.10
5			10	0.57	10			10	0.13

上面的数据说明，在加入无水 Na_2SO_4后反应并没有按照预先推测的那样进行。造成这样的原因可能有 6 个：①Na_2SO_4在反应过程中也没有完全地溶解到反应体系中（很少一部分附着在反应器内壁上），造成 Na_2SO_4的作用没有得以全部体现；②即使反应中有 Na_2SO_4完全溶解到反应体系中，但在极少水的环境下，不能够很好地离解为 Na^+和 SO_4^{2-}，从而无法进一步生成具有酸性的 HSO_4^-；③如果反应体系中有 HSO_4^-生产，但 HSO_4^-没有有效地吸附到Ti_3AlC_2上，从而没有起到协同作用；④吸附在 Ti_3AlC_2上的 HSO_4^-阻止了表面的活性位与苯甲酸作用；⑤Na_2SO_4在该反应体系中没有很好地起到吸水的作用；⑥Na_2SO_4在反应体系中可能有盐效应作用。

虽然 Na_2SO_4没有对反应起到促进作用，但与碱比较而言其效果优于 NaOH，劣于 $NaHCO_3$，与 Na_2CO_3（60%）作促进剂时的效果相当。因此，有必要考察碱性比 Na_2SO_4还要弱的物质的促进效果。由于 Na_2SO_4呈中性，

考察其碱性比 Na_2SO_4 弱的物质的促进效果，实际就是考察弱酸的促进效果。同时 $NaHCO_3$ 的促进效果比 Na_2SO_4 好，这提示了 $NaHCO_3$ 中的 H^+ 对反应有可能有一定的促进的作用。

3. 固体弱酸硅胶和 4Å 分子筛对 Ti_3AlC_2 催化效果的影响

考虑到矿物酸和路易斯酸本身对酯化反应就有催化作用，选择了两个具有代表性的同时又具有酸碱两性的固体弱酸硅胶和 4Å 分子筛作促进剂进行研究。当反应条件为 10mmol（1.22g）苯甲酸、150mL 无水乙醇、1mmol Ti_3AlC_2 催化剂、反应温度 110℃时，其实验结果见表 8-4。

从表 8-4 可以看出，使用固体弱酸硅胶和 4Å 分子筛作促进剂时，苯甲酸乙酯的产率有较大的提高。在反应 10h，苯甲酸乙酯的产率分别为 1.01%（表 8-4，编号 5）和 2.08%（表 8-4，编号 12），相同情况下，比单纯用 Ti_3AlC_2 时的产率（表 8-3，编号 5）分别提高了近 2 倍和 4 倍。同时，使用固体弱酸作促进剂时也出现了与使用碱一样都出现了苯甲酸乙酯的产率不稳定。实验过程中发现，硅胶有少部分附着在反应器皿的内壁，4Å 分子筛大部分被搅碎。这可能直接影响到促进剂的催化效果。此外，考虑到也有可能是所使用的固体弱酸本身就有催化作用，而不是与 Ti_3AlC_2 的协同作用。鉴于此，又考察了不使用 Ti_3AlC_2 时的情况，结果表明如果没有使用 Ti_3AlC_2，单一的硅胶（表 8-4，编号 7）和 4Å 分子筛（表 8-4，编号 14）并没有明显的催化效果，这说明硅胶和 4Å 分子筛确实有促进苯甲酸转化为苯甲酸乙酯的作用。另外，所使用的硅胶和 4Å 分子筛均有干燥功能，可以除去反应体系中的水，从而促使苯甲酸向苯甲酸乙酯转化。由此可以得出，硅胶和 4Å 分子筛都与 Ti_3AlC_2 有协同作用，同时也有脱水作用，从而有利于反应向苯甲酸乙酯方向进行。

此外，两种固体弱酸的促进作用明显优于碱性物质的促进作用。从数据上也可以看出，两种弱酸作促进剂时比单纯的 Ti_3AlC_2 的苯甲酸乙酯的产率要高。

表 8-4 固体弱酸对 Ti_3AlC_2 催化效果的影响

编号	弱酸性物质	用量/g	反应时间/h	产率/%	编号	弱酸性物质	用量/g	反应时间/h	产率/%
1	硅胶	1.03[a]	2	1.91	8	4Å 分子筛	10.0[c]	2	0.81
2			4	0.73	9			4	0.55
3			6	0.73	10			6	2.18
4			8	2.15	11			8	1.02
5			10	1.01	12			10	2.08
6			12	1.56	13			12	2.59
7			12	<0.01[b]	14			12	<0.01[d]

[a] 以 SiO_2 的量计算，并按照苯甲酸物质的量的 60%加入到反应体系中；

[b]只使用硅胶，未使用Ti_3AlC_2的苯甲酸乙酯的产率；

[c]考虑到本实验使用到的4Å分子筛的粒径较大（3～5mm），反应可能只能够在表面进行，因此本实验取10.0g加入反应体系中；

[d]只使用4Å分子筛，未使用Ti_3AlC_2的苯甲酸乙酯的产率。

四、小结

（1）相同反应条件下，Ti_3AlC_2催化转化苯甲酸乙酯的能力比浓H_2SO_4弱。在相同温度下（95℃）下，浓H_2SO_4作催化剂时反应2h后，苯甲酸乙酯的产率为49.8%，但Ti_3AlC_2作催化剂时反应6h后，苯甲酸乙酯的产率为5.10%。

（2）在相同反应条件下，Ti_3AlC_2作催化剂时苯甲酸乙酯的产率随着温度的升高而升高，但Ti_2AlC作催化剂时，苯甲酸乙酯的产率随着温度的升高而降低。这说明Ti_3AlC_2可以用于那些低温难以合成的酯的合成，Ti_2AlC则可用于那些热敏感的酯的合成。

（3）碱和中性无机盐对Ti_3AlC_2催化合成苯甲酸乙酯的促进作用不明显，固体弱酸对此反应有一定的促进作用或协同作用，但其促进作用或协同作用并没有大幅度提高苯甲酸乙酯的产率。固体弱酸、中性无机盐、碱的促进作用顺序如下：4Å分子筛＞SiO_2＞无促进剂＞$NaHCO_3$（20%）＞$NaSO_4$（60%）≈Na_2CO_3（60%）＞Na_2CO_3（20%）＞NaOH（60%）＞NaOH（20%）。

参考文献

Lee M J, Chou P L, Lin H. 2005. Kinetics of synthesis and hydrolysis of ethyl benzoate over amberlyst 39[J]. Industrial & Engineering Chemistry Research, 44: 725-732.

Bhatt L R, Kim B M, Hyun K, et al. 2011. Preparation and characterization of chitin benzoic acid esters[J]. Molecules, 16, 3029-3036.

Li X, Eli W, Li G. 2008. Solvent-free synthesis of benzoic esters and benzyl estersin novel Brosted acidic ionic liquids under microwave irradiation[J]. Catalysis Communications, 9: 2264-2268.

Rad M N S, Behrouz S, Faghihi M A, et al. 2008. A simple procedure for the esterification of alcohols with sodium carboxylate salts using 1-tosylimidazole (TsIm) [J]. Tetrahedron Letters, 49 (7): 1115-1120.

吴明珠，郭俊明，李应，等. 2012. Ti_3AlC_2和Ti_2AlC催化合成苯甲酸乙酯的初步研究[J]. 云南民族大学学报（自然科学版），21（2）：98-100.

Wu M Z, Guo J M, Li Y, et al. 2013. Esterification of benzoic acid using Ti_3AlC_2 and SO_4^{2-}/Ti_3AlC_2 ceramic as acid catalysts[J]. Ceramics International, 39: 9731-9736.

索引